给中产阶级的第一本理财规划书

陈渡风 / 著

中国商业出版社

图书在版编目（ＣＩＰ）数据

给中产阶级的第一本理财规划书 / 陈渡风著. --
北京：中国商业出版社, 2017.12
　　ISBN 978-7-5208-0154-6

　　Ⅰ. ①给… Ⅱ. ①陈… Ⅲ. ①财务管理-基本知识
Ⅳ. ①TS976-15

中国版本图书馆 CIP 数据核字(2017)第 326983 号

责任编辑：朱丽丽

中国商业出版社出版发行

（100053　北京广安门内报国寺 1 号）

010-63180647　www.c-cbook.com

新华书店经销

固安县京平诚乾印刷有限公司

*

720 毫米×1000 毫米　1/16 开　15 印张　170 千字

2018 年 4 月第 1 版　2018 年 4 月第 1 次印刷

定价：39.8 元

****

（如有印装质量问题可更换）

导言
管好你的资产，才能维护体面的中产阶级生活

　　中产阶级是一个模糊的概念，没有人能给出一个清晰的界定，但他们的压力和焦虑却是显而易见的。他们看起来收入不菲，但压在他们身上的担子又太过沉重，养育孩子、赡养老人、房贷车贷以及日常应酬、消费等开销。他们身上承载着太多希望，而他们却又不敢放弃、不敢倒下，甚至不敢生病，怕稍不努力，眼前拥有的一切就会消失不见，他们只能无所畏惧地面对未知的一切。在他们还有稳定的工作时，这种表面光鲜的生活还能勉强维持；一旦失去收入，整个家庭包括他们自己即刻面临破产。其实，只有管理好自己的资产，才能维护体面的中产阶级生活！

　　对于个人资产管理，很多中产阶级容易陷入"走一步看一步"的短视思路中，他们的投资理财规划也是不科学、不合理的，一旦遇到某种变故，这样的投资理财模式便失灵了，现状与预期的巨大反差容易让人陷入恐慌。为了避免这样的恐慌，中产阶级必须管理好自己的资产，制定一份长期财务规划。

　　什么是长期财务规划？这就是说，在制定财务规划时，首先要看到中国中产阶级理财市场的巨大潜力和发展趋势，能够顺势而为，更重要的是

制定的规划要遵循投资理财的基本法则；其次，要善于选择和利用适合自己的投资理财渠道，诸如银行理财、股权投资、艺术品投资、基金投资、国债投资、保险投资等，并采取切实可行的运作策略和方法，这样才能让财富升值，实现自己的财富梦想。而这两个方面正是本书所着重讨论的内容。

中产阶级要维护体面的生活，就应该不断地构建自己的资产项，学习并且掌握资产及投资理财的专业知识，规划自己的生活。作为中产阶级，如果你已经认识到管理资产是必要的，那就应该掌握这项技术并坚持下去，如此你的财富将会出现可喜的变化！本书力求用最通俗易懂的语言，告诉你财富增长的秘密！

目　录

第一部分　顺势而为：中产阶级投资理财的趋势与原则

顺势而为旨在做事要顺应潮流，不要逆势而行。事实上，任何人的成功都是顺应时代的成功。中产阶级对于投资理财不应该是临时起意，随便参与一下，而应该将其当作紧跟时代的伴随一生的事业。

投资最困难的是什么？是谁也没有办法预知未来。理财最困难的是什么？是做出理财这个决定，也就是迈出开始理财这一步。对于中国的中产阶级而言，首先应该看到中国中产阶级理财市场的巨大潜力，其次应该看到新中产阶级投资理财呈现出的新趋势。中产阶级进行投资理财必须顺应时代的特点和未来的趋势，顺势而为，做好适合自己的投资理财规划，采取切实可行的策略，实现未来十年财富升值。在这之中，关键是遵循投资理财法则，并在实践中去领悟、去研究、去体会、去实践、去总结，并随时调整，以应新变。

第二部分　落地措施:中产阶级投资理财渠道与解决方案

第一部分我们讲中产阶级投资理财要顺势而为,这个"为"就是要落地、要采取措施。这一部分讲的就是落地措施,也就是中产阶级的投资理财渠道与解决方案,这是由理论最终到实践的必由之路,是理论在实践中的生根之举。

现实中,大多数中产阶级还没有找到一个合适的投资理财渠道,因此,那些十分重视理财、想成为中产阶级乃至以上的家庭,更想利用有效的投资理财渠道来实现自己的财富梦想。适合中产阶级家庭的理财渠道有哪些? 在这一部分,我们将全面分析银行理财、基金投资、国债投资、保险投资、股市投资、股权投资、艺术品投资、P2P 理财、信托理财九大投资理财渠道,提出切实可行的解决方案,包括平台及产品的选择、风险控制、注意事项等极具实战性的操作方法,帮助中产阶级为家庭增加收入,同时避免资金浪费。

第八章 股权投资:中产阶级投资理财的聪明选择 /146

第九章 艺术品投资:财富的另一个出口 /160

第十章 P2P理财:中产阶级投资理财必看P2P /176

第十一章 信托理财:中产阶级必知的财产管理 制度 /191

第三部分 他山之石:中产阶级理财案例分析

　　前面我们讨论了中产阶级投资理财的顺势和原则,讨论了投资理财渠道与解决方案这样的落地措施,在这一部分我们讨论中产阶级投资理财案例,一方面为投资理财展示实证,另一方面为中产阶级提供学习借鉴的范例。所谓他山之石,旨在于此。

　　成功案例的分析不在于分析案例的出处,而是分析案例的思路。比如,分析中产阶级个人养老规划案例,给出的是不同年龄阶段财务规划的具体建议;分析中产阶级二胎家庭的案例,给出的是如何应对财富缩水、提前准备资金的具体建议;分析中产阶级新消费投资理财案例,给出的是新消费模式和新方法,揭示的是消费再创价值的良性循环。人要有超前思维、细节思维等,成功的案例就是如此。

第十二章 中产阶级如何赚够养老钱案例分析 /211

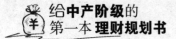

第十三章 中产阶级想生二胎如何增加额外收入案例分

析 /216

第一部分

顺势而为：中产阶级投资理财的趋势与原则

顺势而为旨在做事要顺应潮流，不要逆势而行。事实上，任何人的成功都是顺应时代的成功。中产阶级对于投资理财不应该是临时起意，随便参与一下，而应该将其当作紧跟时代的伴随一生的事业。

　　投资最困难的是什么？是谁也没有办法预知未来。理财最困难的是什么？是做出理财这个决定，也就是迈出开始理财这一步。对于中国的中产阶级而言，首先应该看到中国中产阶级理财市场的巨大潜力，其次应该看到新中产阶级投资理财呈现出的新趋势。中产阶级进行投资理财必须顺应时代的特点和未来的趋势，顺势而为，做好适合自己的投资理财规划，采取切实可行的策略，实现未来十年财富升值。在这之中，关键是遵循投资理财法则，并在实践中去领悟、去研究、去体会、去实践、去总结，并随时调整，以应新变。

第一章
中国中产阶级理财市场潜力巨大

改革开放以来，中国人变得有钱了，中国的中产阶级数量呈逐年上升趋势，在总人口中的占比越来越大，财富总量巨大，这几项指标都居于世界第一。如此庞大的理财市场蕴含着巨大潜力，中产阶级必须进行财富管理，把握投资理财的未来趋势，做好财富管理规划，实现财富增值。

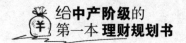
一、中国中产阶级的界定与参照标准

　　中产阶级基本上是一个经济学与社会学的名词，它具有客观性和主观性的特点。所谓客观性，即以实际收入、财产作为划分标准；所谓主观性，即自我认同为中产阶级。从我国目前的收入及生活状况来看，中产阶级主要产生于城镇，尤其是经济发达的大城市。这里讨论的中国中产阶级的界定与参照标准，可以帮助我们对中国中产阶级有一个基本了解。

1. 中国中产阶级的基本标志及划分

　　在世界范围内，现实生活中的中产阶级并不表现为一个严格确定的集团。就中国而言，中产阶级基本上就是城市白领，他们一般接受过高等教育，有较稳定的工作和社会保障。下面我们先来看看中国中产阶级的基本标志，如表 1-1 所示。

表 1-1　　　　　　　　　　中国中产阶级的基本标志

序号	内　容
1	通过提供知识来获取收入，或者通过经营小规模生产资料来获利

续表1

序号	内　容
2	拥有满足安稳生活所需的资产，如房、车、存款
3	能够完全满足基本生活用品消费需求，注重物质生活的品质，具有一定的奢侈品消费能力
4	具有较强的文化和精神领域的需求，注重个人的社会形象和社会地位
5	没有高收入阶级的巨大财富，也没有低收入阶层的物质烦恼
6	对安稳的社会环境有强烈的依赖，群体利益受经济衰退和社会发展的影响较大

中国中产阶级分布于各种职业、部门和经济体之中，甚至在经济、意识形态上都不是统一的整体。关于中产阶级，可以从职业特征、收入和财富特征、社会消费及生活方式、个人修养和社会态度等4个方面加以划分，如表1-2所示。

表1-2　　　　　　　　　中国中产阶级的划分

事　项	内　容
职业特征	一是政府机关、事业单位、部分社会团体中具有实际社会管理职能的领导干部；二是大型国有企业、集体企业中的中高层管理人员、经理人员；三是就职于外资企业、中外合资企业的中高层管理人员及各类白领雇员、高级员工；四是高素质的民营企业家；五是具有中高级职称的教师、工程师、科研人员及各类市场稀缺的高级专业技术人员；六是自由职业者
收入和财富特征	中产阶级拥有中等的财产，具有中等以上收入水平。这主要是指工资、薪金等所从事的合法职业报酬和合法获得的私人财富，包括以合法方式拥有的收入、报酬，如股票、利息、私人馈赠、遗产等。以核心家庭的三口之家为准，近年来全国中产阶级家庭年收入达6万元以上，在北京、上海等大城市年收入水平要求更高

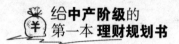
续表 1 - 2

事　项	内　容
社会消费及生活方式	中产阶级必须有能力支付其中等水平的家庭消费，为满足家庭成员丰富的精神、文化需要提供必要的物质条件。除住房、汽车外，追求时尚、讲究生活质量的中产阶级对旅游、教育、高档次运动项目等消费支出不断增加。当然，中产阶级的生活方式需要消费信贷的支撑。有能力购买住房和汽车，并不意味着一定有一次支付所有房款和汽车价格的能力。国内的住房价格与工资收入的比例远高于国际平均水平，而国内的车价也普遍高于其他国家的同档车。如果说有能力一次性付款购买不错的商品房和私人轿车，而不至于导致生活水平降低的消费者，则应该是中国的富裕阶层，而不是我们所说的中产阶级
个人修养和社会态度	中产阶级一般接受过良好的教育，具有良好的公民道德素养和社会声望，追求自由、民主的价值观，同时具有社会公益心。按照国际学术界的分类，中产阶级不但在收入上处于中等及中等以上水平，而且在受教育程度和社会声望上也处于中等和中等以上水平

2. 中国中产阶级的定义与参照标准

关于中产阶级，至今尚没有一个确切的定义。先来看看下面这几种说法，如表 1 - 3 所示。

表 1 - 3　　　　　　　　　　中产阶级的几种定义

事　项	内　容
狭义定义	收入接近或超过发达国家中等收入者，人均每年约 3.1 万美元或每天 85 美元

续表1-3

事　项	内　容
两位经济学家提出的广泛定义	Branko Milanovic 和 Shlomo Yitzhaki 于 2002 年将年收入介于 4000 美元~1.7 万美元的人士划入全球中产阶级。从普遍意义上来说，把购买和使用私人汽车的人士作为衡量可支配收入和确立中产身份的方法得到广泛认可
世界银行定义	在世界银行发布的题为《经济活动和拉美中产阶级增长》的报告中，将中产阶级定义为日薪 10 美元~15 美元
《福布斯》定义	《福布斯》杂志也公布过一个中产阶级标准：生活在城里；25 岁~45 岁；有大学学历；专业人士和企业家；年收入为 1 万美元~6 万美元
瑞信定义	《瑞信财富报告》以每人拥有 5 万美元~50 万美元的净财富来界定中产阶级成年人

在上述 5 个标准中，世界银行的标准最低，日薪 10 美元以上（按 2017 年 12 月汇率计算就是每月 1860 元人民币以上）就算中产阶级。在这个标准下，中国超过 6 亿人都算中产阶级（2016 年全国居民人均可支配收入 23821 元，比上年增长 8.4%，扣除价格因素，实际增长 6.3%；全国居民人均可支配收入中位数 20883 元，增长 8.3%。按常住地分，城镇居民人均可支配收入 33616 元，比上年增长 7.8%，扣除价格因素，实际增长 5.6%；城镇居民人均可支配收入中位数 31554 元，增长 8.3%）。其他几个标准，有的按净财富定义，如瑞信，净财富 5 万美元以上；有的按年收入定义，如狭义定义 3.1 万美元/年；有的按年收入加其他附加条件定义，如《福布斯》，年收入 1 万美元~6 万美元等。

对上述几者进行综合，可以得出一个较高标准的中国中产阶级定义，如表1-4所示。

表1-4　　　　　　　　　　　中国中产阶级的定义

序号	内　容
1	月收入5000元~3万元，年收入6万元~35万元属于中产阶级
2	月收入低于5000元、年收入低于6万元不属于中产阶级；月收入高于3万元、年收入高于35万元不属于中产阶级，而属于高收入阶级

综上所述，不管如何划分、如何定义，经济收入都是确认中产阶级的标准之一，而生活方式是中产阶级的直接表象之一。

二、中产阶级理财市场潜力巨大，财富管理大有可为

目前，中国取代日本成为全球第二大经济体，仅次于美国。同时，中国的中产阶级人数日益增加。但是中国中产阶级在长期财务规划、紧急事件储备等方面与发达国家相比有明显差距，缺乏明确的财务储备计划和行动，对理财工具合理配置的概念较为薄弱。因此，中国中产阶级理财市场潜力巨大，财富管理大有可为。

1. 理财市场潜力巨大

瑞士信贷银行发布《2015 全球财富报告》，美国以 85.9 万亿美元财富总值居世界首位，中国家庭财富总值达 22.8 万亿美元，较 2014 年增加 1.5 万亿美元，仅次于美国，中国的中产阶级人数为全球之冠，高达 1.09 亿人。

《福布斯》发布的《2015 中国大众富裕阶层财富白皮书》显示，预计 2015 年底，中国大众富裕阶层（指个人可投资资产达 60 万元~600 万元的中国中产阶级群体）达 1528 万人，私人可投资资产总额达

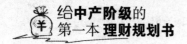

114.5 万亿元。

《法制晚报》报道，全球领先的市场信息公司欧睿信息咨询公司称，随着中国经济大踏步地向前，我国中产阶级的队伍也不断壮大，到2020年，在经济的强大驱动下，我国中产阶层或达到7亿。

马云曾经在第六届阿里云开发者大会上说："今天中国有3亿的中产阶级，我们的钱可能是中产阶级，但是我们的消费水平和消费能力依旧是初等阶级。"

不论是3亿还是7亿，都说明我国理财市场潜力巨大，财富管理大有可为。在金融改革走向深化和个人资产不断膨胀的大背景下，国内居民由财富积累向财富管理转变的时代正扑面而来。

2. 如何变身中产阶级

为何中国中产阶级如此之多？中国改革开放带来的经济迅速发展使得国民普遍受惠。在全球经济复苏乏力的背景下，中国经济的表现仍然抢眼，我国城镇化发展及大规模基础设施建设成为拉动经济增长的重要引擎。

如何才能成为中产阶级大军中的一员？财富管理是重要途径。想要成为中产阶级，就一定要学会开源节流，有效分配、管理财产。理财其实很简单，重点就是要减少非必要性的开支，同时避免局限于一种或单一的投资渠道，尽量多元化投资。

理财是一种行之有效的方法，但一定要有一个强大不屈的好心态。要知道，收益越高，风险越高，理财不可能是一路高涨，肯定要面对曲折。做任何事情都是有风险的，任何成功都要付出努力，没有风险很低收益却很高的好事。

三、中国中产阶级投资理财的五大趋势

目前，在经历了金融和地产市场的大幅波动后，新中产阶级的风险偏好和资产配置都产生了相应变化。对此，某专业机构通过调研分析对比，预测了新中产阶级（以"80后""90后"为主）投资理财的五大趋势：新中产阶级的收入水平、可投资资产和资产规模将继续提升；对固定资产投资持续保持热情；对互联网理财的安全要求更高，风险收益偏好趋于理性；高服务附加值产品将更受欢迎；二胎"婴儿潮"持续，婴幼儿主题概念、婴幼儿保险、教育消费持续增长。

1. 收入水平、可投资资产和资产规模将继续提升

该专业机构在调查中发现，2016 年新中产阶级平均收入为 7.5 万元，平均金融投资规模为 11.2 万元。调查表明，有理财经验的新中产阶级倾向于将年收入的 30% ~ 50% 用于金融投资，而上下限的选择受即期市场影响极大。其中，被调查的"80后"平均年收入为 9.25 万元，平均可投资资产规模为 16.65 万元，整体步入人生的高速积累期。年收入 50 万元以上的高收入人群平均年龄为 33.5 岁，其中"80后"

占 58%。

在新中产阶级的资产配置中，房产占比高达 74%，其他珠宝、收藏品等实物资产占 6% 左右，金融资产约占 20%，其中一半为包括货币基金、银行活期存款在内的现金类资产。我们将从固定资产和金融资产两方面做进一步分析。

随着"80 后""90 后"作为社会中坚力量价值的进一步凸显，新中产阶级的平均收入水平、可投资资产也将进一步增加，而房价的持续上涨或稳中有升也将成为新中产阶级资产规模增加的一个重要原因。

2. 对固定资产投资持续保持热情

新中产阶级对固定资产的购买意愿呈逐年上升趋势。随着固定资产价格的上涨，中产阶级尤其是"80 后"对"以房地产为投资标的"的购买意愿不断增强。调查显示：2015 年第一季度购房人群占比为 32%，第四季度为 33%；2016 年第一季度购房人群占比为 36%，第四季度为 38%。可见 2016 年的新增购房人群是在逐渐增加的。

与购房者增速相匹配的是负债率的增加。有人认为，负债率的提升说明新中产阶级的债务风险加大，进而导致中国家庭未来的经济压力会整体上升。其实，这样的结论为时尚早，其原因有如下两点：第一，新增负债率上涨的同时，由于资产价格上涨更快，平均负债率并没有因此大幅提高，当然，负债人群的比例有大幅增加；第二，自 2016 年以来，新增房地产负债率虽然很高，但新中产阶级的购房决策往往对杠杆的使用很谨慎，而银行的房屋贷款坏账率一向稳定，所以购房积极度提升并没有向沉重负债方向转变。

在现有政策、经济环境不发生大变化的情况下，可以预见新中产阶级对固定资产投资的热情仍将持续。事实上，短期装修计划的上升也从侧面表明已有和未来房产购置的增加。

3. 对互联网理财的安全要求更高，风险收益偏好趋于理性

金融市场低迷和房地产市场火爆导致的资金溢出，令新中产阶级投资重回"保守"态度。下面先来看看2015年与2016年的金融资产类别变化图，如图1-1所示。

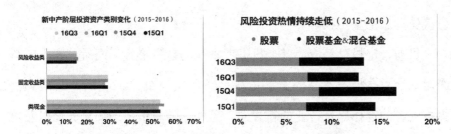

图1-1　2015年与2016年的金融资产类别变化

从图1-1中可以发现，各年龄段的新中产阶级均降低了自己的金融资产中高风险产品的配置比例，增加了类现金资产。在具体投资品种中，股票投资比例下降，而且相当大比例的投资者把原有的股票、股票基金、混合基金投资计划转换成基金定投式购买。在风险收益类投资品种中，只有贵金属和外汇（及外汇计价的理财产品）的投资比例有所增大。在固定收益类投资品种中，银行理财、国债主要因降息影响比例降低，P2P投资比例稳中有升。新中产阶级对传统理财机构和理财产品的兴趣度有明显下降，对一部分安全、收益稳定的互联网金融平台更加信赖。由此可见市场低迷对中产阶级投资信心的影响之大。

4. 高服务附加值产品将更受欢迎

新中产阶级青睐的理财产品从传统转向互联网产品，同时也期待来

自互联网金融行业的更多相关服务。

从资产配置的角度分析，基金定投和5年以上中长期贷款（多用于购买固定资产）的人群比例在2016年也有所提升，表明主动和被动的长期投资意愿上升。从意愿度来说，长期投资倾向更加明显，得益于其稳健的投资目标——追求本金和收益率的平衡，愿意用时间（长期投资）换取空间（年收益率）。其中，在主动的长期投资者中，超过1/3的投资者有定时定额或不定额基金投资计划，有接近20%的投资者愿意接受动态基金定投。

目前，定投已经成为基金投资者青睐的投资形式。同时，新中产阶级对基金组合推荐产品的需求正在不断增加，如FOF类的产品成为更多投资者的选择以及行业的新方向。另外，随着汇率的频繁波动以及对以美元计价资产的升值预期，出于避险的本能和资产分散的需求，加上国内投资渠道有限，出境旅游、短期居住日渐频繁，更多的新中产阶级也开始尝试在海外购买保险、医疗服务，或者购买外国基金债券等多元化投资形式。

可以想见，在未来，全球经济、汇率变动、能源利用和安全事务等问题将会越来越多地被普通投资者所关注。同时，海外投资的复杂性也导致投资者有更多的专业理财服务需求。

5. 二胎"婴儿潮"持续，婴幼儿主题概念、婴幼儿保险、教育消费持续增长

随着"二胎时代"来临，新增人口带来的消费结构变化和投资目标改变将长期影响新中产阶级的理财行为和理财心理，这将是未来中产阶级投资理财最需要考虑的因素之一。

　　二胎率的快速上涨对家庭消费结构和长期理财规划会带来巨大的影响，也会带来诸如母婴、教育、医疗健康、保险、旅游等产业机会。

四、中国中产阶级需要什么样的理财规划

中国中产阶级看重子女教育、资产增值、身体健康和家庭生活。但奇怪的是，很多中产阶级没有子女教育储蓄，更谈不上退休计划，基本都停留在"养儿防老"的落后观念上。这是一个极其古怪的矛盾，很多人想解决，却找不到合适的办法。

1. 从三个方面考虑家庭理财规划

家庭理财对中产阶级来说不可忽视，为此需要从以下三个方面予以考虑，如表1-5所示。

表1-5 　　　　　中产阶级家庭理财需要考虑的三个方面

事　项	内　容
为孩子配置教育金保险	孩子是家庭的希望，无论你的家中现在是否已有孩子，未来孩子的教育支出必然是你们夫妻俩需要重点考虑的。如何保证孩子的教育金呢？要想给孩子的未来有所保障，明智的选择是给孩子购买教育金保险：一方面可以保证孩子的教育金；另一方面，附加的医疗险或者意外险还可以分担孩子成长过程中可能出现的意外

续表 1 - 5

事　项	内　容
为父母配置理财产品	赡养父母是儿女应尽的责任和义务，中产阶级家庭怎样才能保证老人晚年生活的安康呢？未雨绸缪，为老人配置适宜的理财产品，为老人生活提供保障。这类理财产品可以定期拿到收益，相当于每个月给父母一笔"养老金"。这笔钱是多少呢？这是因人而异的，主要能弥补老年人日常水电及小部分生活开支即可
配置保值增值的理财产品	生活无处不理财，投资理财就是为了让生活更为轻松。因此，一个中产阶级家庭在解决了上有老下有小的问题，减少了后顾之忧后，就应该着手规划目前的财产，让现有的生活更加舒适。一般的中产阶级家庭可以配置一些保值增值的理财产品，如适量的黄金、艺术品（不要选艺术垃圾或者艺术商品）、美元、互联网类理财产品

中产阶级家庭对于理财依赖性较高，因此，中产阶级家庭理财应该谨慎对待，认真做好理财规划，这样才能不断增加家庭财富。

2. 中产阶级需要的理财规划

作为收入不低的群体，中产阶级的消费很容易大手大脚，因此，合理有效的理财方式十分重要。那么，中产阶级应该如何制定科学有效的整体理财规划呢？表 1 - 6 列示的是理财规划师提供的中产阶级理财规划，可供参考。

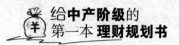

表 1-6   中产阶级需要的理财规划

事　项	内　容
明确自身的理财目标	人生的每个阶段有着不同的理财目标。比如 30 岁～50 岁的中产阶级、单身贵族与生有二孩的家庭，理财目标自然不同。有的是为储备买房、买车等大额消费，有的是为子女攒下教育基金甚至自己退休后的养老钱。目标不同，风险承受能力、预期收益、适合的投资工具当然也会不同。建议大家在选择理财工具前一定要明确自己的理财目标
判断自身的风险承受能力	如果投资是为了子女的教育费、医疗费等必要性资金需求目标，则应视为低风险倾向型，应选择保本且收益稳定的产品，如银行理财等；若是为了个人的消费目标，如买房、买车等；因为消费的非必要性，所以有一定的风险承受能力，则可以考虑收益相对较高的产品，如艺术品、炒股或者 P2P 理财；如果是为了财富的保值增值、稳健积累，则需要合理分配投资，保值是基础，增值是辅助，可以选择保本付息、收益稳定的 P2P 平台
了解手中的资产情况	第一，明确个人或家庭目前的资产情况，如房产、存款、保险、理财占比等，这样可以帮助你在保障生活正常运转的情况下有的放矢地选择适合自己的理财工具。例如，家庭资产中若绝大部分是房产，那么在后期就可以适当增加其他方面的理财投入。第二，明确个人或家庭的未来收支情况。根据目前的收支情况和未来可增长空间，计算出未来的资产所得，可以帮助你明确自身的风险承受能力，更为科学地制定理财规划
配置适合的理财产品	目前市场上的理财产品五花八门，但归总起来，中产阶级家庭主要涉及的还是房产、艺术品、债权、股权、保险、P2P 这几类。对于手头现金较多的投资者来说，优化家庭理财除了购买楼房、地皮这种实物类资产，还可以选择稳健型理财来增加收益，像三益宝、有利网等理财平台都是口碑收益不错的优质平台，投资者可以通过对比不同的 P2P 理财平台及国家相关政策的变化来配置家庭资产

五、未来十年中产阶级财富升值策略

未来十年，中国仍然是全球经济发展的重要发动机，整个产业将发生更大的变化；同时，结构正在升级，因此财富和投资的模式必须跟上这样的时代潮流。中产阶级一定要在资产配置中进行多重资产配置，让自己的资产迅速滚动起来。这是未来十年看得到的变化，整个财富的创造模式在发生变化，资本和资本杠杆在未来财富波动中的效应会急剧增加。那么，中产阶级应该如何实现财富增值？下面提出未来十年中产阶级财富升值切实可行的策略。

1. 加大资产的杠杆效应

简单算一下，如果每年的资产增长 10%，那么就是刚刚对得起这个时代。但是，任何一个单一的理财产品都难以实现这个收益，所以一定是复合式、组合式的资产投资，要保持相对激进的理财态度，才可使手里的人民币保值。

加大资产杠杆效应就是强调资产配置，通过制订保障计划，发挥杠杆效应，实现风险转移。假如你现有资金 10 万元放于银行做活期，按年利率1.5%的活期利息计算，1年以后你的账户总额度是10.15万元，这是在你没有遇到什么大问题的前提下，但如果遇到大问题就困难了。相比之下，如果9万元存入银行，1万元纳入保障计划，包括复合式、组合式的资产投资，这1万元就能撬动杠杆，发挥效应。比如买保险，当发生疾病或者意外的时候就有了保障，同时你的9万元存款没动，只有1万元存在了保障账户里，期满以后，返还保障账户的钱还加上利息。

总之，现在全球经济处于通货紧缩时期，所以从财富安全性的角度来讲，最好的办法是把钱花出去——用钱买资产，合理加大杠杆效应。

2. 全球化的资产配置和优质的不动产投资

全球化的资产配置是不确定性时代的投资理念，需要予以重视。伴随着境内资本的市场开放，以及人民币全球化战略的持续推进，为了平衡资产风险，境内资金的海外投资需求逐日增加，灵活的资产配置使之全球化，能够大大提高各项资产的抗风险能力。因此，扩大境外投资、加快资产配置全球化也是未来的必然趋势。当然，全球没有任何一个国家或地区的市场增长率超过中国，所以全球化的资产配置不是一个追求利益最大化的配置，而是出于资产安全的考虑才出现的配置。

在这里不妨提一个建议：中国香港保险公司推出的保障功能少、理财产品属性强的储蓄型保险更加适合中产阶级进行海外资产配置。由于港币紧盯美元，这就绕开了人民币兑美元不断贬值的路径。并且中国内地居民在中国香港购买的保单，赔款、保险金给付以港币、美元等外币结算，这就从某种程度上规避了人民币贬值的风险。根据数据统计：在中国内地购买理财保险，80年后升值29倍；而在中国香港购买美元理财保险，在同样的时间内可以升值 181 倍。这对中产阶级来说也是一个不错的选择。

接下来就是优质的不动产投资。过去的 10 年，在中国任何一座城市买房子都是对的，但是今天房地产市场因为调控、限购甚至限卖，不像以前闭着眼睛买房都大赚。一座城市的房子值不值得购买，是由很多因素决定的：第一，要考虑这座城市在未来的 3 ~ 5 年内，它的人口是流出的还是流入的；第二，这座城市过去几年的工业产值是增长的还是降低的，第二产业和第三产业的比例是怎么调整的；第三，这座城市过去几年和未来几年土地的出售是不是理性的，库存量是多少也要考虑；第四，这座城市政府的施政效率是高还是低，公共配套到底怎么样；第五，就是我很敬佩的房地产大佬、江湖人称"任大炮"的任志强先生讲的特别指标——"小学生的增长率"。小学生一来，说明一家子在这生根了，小学中学 12 年跑不掉的，这个是真实的人口增长。孩子大了得买大房子，再长大还要买房。上述几点综合考虑，才可以决定未来几年这座城市的房价是涨还是跌、能买还是不能买。买房子是买一个城市的发展或者说买一个区域的发展，现在买房子要瞪大眼睛才可以，好的不动产特别是还带有附加功能的，比如说带优质学位的或环境非常好的或者说物业管理非常好的房子，还是值得珍藏和配置的。

不动产投资不仅是指国内，海外不动产投资现在正当其时，如房产、债券、保险、信托、公募基金、私募基金等实物或金融资产。对于中国人来说，其配置的海外资产多分布在北美（美国/加拿大）、欧洲、澳洲、日本等发达资本主义国家，这些国家政治稳定、法制健全、私有产权能得到强有力的保护，先不说收益多少，最起码资产是安全的。而像非洲、中亚、南亚、拉美等地区并不适合所有人投资，一次政变、种族冲突、内战动乱等都会让你的资产灰飞烟灭，所以在这些地区投资的多是大型企业集团或国家主权基金，可以通过政治、经济、甚至军事手段来保护资产安全。

以房产为例，国内的资产荒正在刺激一些高净值的中产阶级开始把眼光投向欧美，买房这件事让很多人体会到出海并不是那么难，其实就是把国内经验移植到更广阔的区域。由于历经几次经济危机，欧元区市场一片萧条，其房产价格现在处于低位，如果你有钱，为什么不去欧洲买房作为投资呢？当然，你在投资欧美房产的时候一定要研究好各地的政策，包括房地产税是多少、如果出租能达到多少收入，可以和国内的情况进行对比，做到有备无患。

在海外资产配置中，我们真正需要担心的是投资者对海外金融市场的无知。成熟国家的金融市场发展历经百年，金融产品的品种细化且繁多，对这些金融产品的解读、分析和遴选，从而形成适合客户风险收益特征的组合，是对财富管理的巨大考验。投资者总是可以从最简单的、流动性最好的公募基金开始，在海外配置的渐行渐近中，逐步丰富海外投资的品种、扩大海外投资的范围。

3. 健康、精神、教育至关重要，三项投资一个都不能少

在中产阶级的投资理财规划中，健康、精神、教育这三项内容非常重要，一个都不能少。事实上，只有在投资健康、精神、教育以后，我们才能实现财富增值。

在健康方面，为了防止人们因病返贫的事件发生，健康保险是唯一最有效的方法，它是用社会力量解决医疗费用的方法，让生病的人不再遭遇资金的劫难。所以，在中产阶级的健康投资规划中，都会给家庭里

的每位成员进行配置，配置额度一般为治疗费用外加5年康复费用和收入损失费用。家庭的健康保险账户是为自己和家人设立健康保险账户，让社会力量代替我们支付高昂的医疗费用，所以非常重要。

在精神方面，随着财富的增加，中国蓬勃发展的中产阶级对精神层面的需求也愈加明显，"精神享受""品质生活"已经成为中产阶级的"名片"。事实上，在中产阶级的精神投资规划中，绘画、摄影、话剧、音乐、体育占有很大比例。全球领先的市场研究集团益普索2014年发布的《中国中等收入群体生活质量研究》披露：55%的中国内地被访者平时经常关注绘画、摄影、话剧、音乐等艺术类信息；将近39%的中国内地被访者最近1年参加过或正在参加休闲兴趣班。而随着中国中产阶级向娱乐业注入大量资金，多个品牌已经瞄准在中国市场上兴起的娱乐市场。当下，中国已经是世界第二大电影市场，比如《侏罗纪公园》狂揽全球票房5.241亿美元，创全球首周开画纪录，其中，中国票房就贡献了1亿美元。这些都是典型的中产阶级生活方式。

在教育方面，中产阶级将子女的学习效果摆在第一位，认为教育要以能提高孩子的能力和水平为目的，从整体来看，中产阶级家庭不满足于按部就班的体制内教育。现实中，中产阶级并不满足于最基本的教育花销，他们愿意在子女的教育上进行额外的经济投入，并表现出极大的热情，甚至可以不惜代价。除了舍得花钱，中产阶级还对个性化教育有高度需求，很多家长认为辅导机构的教学更能承担起"个性化教育"的任务。但目前教育辅导机构参差不齐，一定要学会选择，要学会看它的品牌和师资力量；同时，在子女教育上任何学校和教育培训机构都代替不了父母的关心、陪伴和言传身教，父母的时间和耐心是给孩子最好的教育。

第二章
中产阶级必备的投资理财法则

　　钱生钱的道理大家都懂，但实际上知道如何做好的人并不多。很多人往往会忽略实际，看不清自身的理财能力，让自己的收益受损。在众多理财法则中，主要有这样几个法则：稳健为王、争取盈余、合理投资、盘活资产、利用复利、以小博大、未雨绸缪、规避风险。这些法则在投资理财实战中最具指导意义，作为中产阶级的你必须明白并遵循这些法则，才能在累积资产的过程中不至于走弯路。

一、稳健为王：中产阶级理财的四条"铁律"

中国中产阶级收入不低、负担又轻，很容易花钱大手大脚，合理有效的理财方式对他们来说很重要。特别是随着年龄的增长，应尽早把个人和家庭在一个生命周期里的收入和支出进行整体的财务规划。针对中国中产阶级的投资理财需求，这里提出四条原则性建议：抑制投资冲动；坚决、节俭地购买自住房产；尽早考虑个人的生命周期理财；主要投资于人力资本。

1. 抑制投资冲动

中产阶级大都受过高等教育，容易智力自负，尤其在看了几本投资理财类书籍后，总觉得此事不难。手头恰好又有几个闲钱，便杀进市场。然而，在几乎所有的行业中，职业选手赢业余选手都是不费吹灰之力的，你凭什么以为在投资领域恰恰是个例外呢？有一名金融从业人士说他从来不自己操作证券，在他看来，正因为自己比普通人了解得稍微多一些，所以才明确知道自己在公开市场上也是一名注定成为盘中菜的业余选手。

美国证券法上有一个定义叫"合格投资人"。法律上认为只有达到这个标准的人，对投资才具备成熟的判断能力（因此向他们销售证券才能免于政府监管）。合格投资人的定义是：个人在扣除自住房产之后的净资产达到100万美元，或者金融行业的职业从业人员。国内的中产阶级可以对照看看你有没有达到合乎中国国情的标准，如果没有，那么建议你抑制一下自己的投资冲动。

2. 坚决、节俭地购买自住房产

既然不主张中产阶级积极投资，那为什么又建议坚决买房呢？其实这里说的不是投资性购买，而是居住性购买。对于中产阶级而言，一旦有了居住需求，几乎任何时候买房都是对的，无须考虑房价未来的涨跌。唯一的例外就是市场上已经出现了特别明显的房价崩盘现象。

人总是要居住的，不买房就要租房，二者的长期成本相差无几。自住房的好处是有较高的居住福利，也就是住得更舒服，而租房的好处是有较大的灵活性和较少的维持投入。发达国家的年轻人往往会选择租房，以便无拘无束，保持个人生活的开放选择权。但这并不适合中国的城市中产阶级。

在中国，由于户籍制度的限制、地区经济发展的严重不平衡，以及家族和熟人文化，跨城市迁徙的成本是非常高昂且难度极大的。绝大部分人即使更换工作，也在同一个城市范围内。这样一来，租房的自由度和灵活性几乎无用，而自住房的优点就愈发突出了。换句话说，既然你迟早要在同一个地方安顿下来，还不如早点买房。既然中产阶级购房的主要目的是自住而非投资增值（即使增值了，也会因为巨大的搬迁成本而难以套现），所以在合用的前提下，买房子时价格不宜过高，省下的钱大可用于其他方面，如人力资本投资。

节俭购房，也是为了预防危机。大多数中产阶级购房要靠贷款。人们常说，房贷不要超过家庭总收入的一半，这其实有一个隐含假设，就是万一夫妻二人有一人失业了，单凭另一个人的工资仍可支付房贷。毕竟家庭财务危机中最可怕的事情之一就是失去住房。对于夫妻收入较不均衡者，房贷支出建议最好不要超过收入较低者的工资水平。

3. 尽早考虑个人的生命周期理财

中产阶级，特别年轻的城市白领，收入不低、负担又轻，很容易花钱大手大脚。这也没什么不好，毕竟青春不再，即时享受乃是人之天性。但随着年龄的增长，应当尽早把个人和家庭在一个生命周期里的收入和支出进行整体的财务规划。从子女的养育到自己的退休，从日常的消费到偶发的大宗支出，都要纳入考虑范围。这个话题在本书的各个章节都有不同侧重的阐述，这里就不展开叙述了。

4. 主要投资于人力资本及人脉

对于中产阶级来说，人力资本投资有可能是回报最高的投资方式，包括对自己、家人和子女的人力资本投资。事实上，一个中产阶级如果希望突破收入瓶颈，上升进入富裕阶层，则人力资本投资几乎是唯一的途径。人力资本的积累既包括你的知识和技能、身体健康状况的提升，也包括你的社交网络的扩大。普通白领要想实现财务自由，无非就是职位升迁或自行创业这两种途径。倘若没有人力资本的积累，那么在这两条路上达到较大成功的可能性几乎为零。

人力资本投资也是最能抵抗风险的投资。俗话说"艺不压身"，万一出现意外，尤其出现经济衰退、社会动荡之类非个人所能预防的系统性意外局面，多任何一项技能都将大大提高你安然度过危机的概率。所以，对于很难单凭个人财富积累来抵抗系统性经济风险的中产阶级来说，人力资本投资也是最保险的策略。

另外，我建议大家投资人脉，它甚至可以说是人一生中最重要的投资，因为人脉是一个人进入财富和成功之门的入场券。人脉是相互的，你待人真诚、和善，别人相对来说也会对你真诚、和善。你也要有对别人来说的价值，否则你认识别人，别人却不认识你。因此，在投资人脉的过程中，要不断提升个人能力和价值。这样，人脉圈才会越来越大。

在人际关系的处理上，要保持自己的品牌和个性，人脉是投资不是消费，对前辈多尊重，对同辈多互助，对新人多提携。如果遇到认可你的领导、给你指点的恩师、看好你的大佬，你尽量不要找他们帮忙，应该多和他们聊天、请教，多学习他们做人做事的方式，学习他们分析问题的方法，这些才是更加重要的人脉处理方式，他们和你可能没有利益交集，但是对于扩大你的见识提高你的决策很有帮助。人脉经营之道，在于珍惜自己的人品，辜负一个人，可能会失去一批人，懂得真诚、懂得感恩、懂得敬畏是做人的本分，因为在互联网时代，圈子其实很小。

总之，抑制投资冲动，坚决、节俭地购买自住房产，尽早考虑个人的生命周期理财，主要投资于人力资本及人脉，可以看作中产阶级理财的四条"铁律"。只有遵循这四条"铁律"，才能实现稳健的财富保值和增值。

二、争取盈余：积累财富的"第一桶金"

俗话说，"你不理财，财不理你"，但要想理财，必须通过争取盈余，积累财富的"第一桶金"。这"第一桶金"就是一只会下蛋的金鸡，鸡生蛋、蛋生鸡，鸡鸡蛋蛋无穷尽也。所以说，要想理财，"第一桶金"至关重要！

1. 财富有进才有出，既要开源又要节流

"开源节流"是相辅相成的两个方面，缺一不可。对于生活不算拮据的中产阶级来说，开源节流不难理解，不过真正做到既要开源又要节流的不多。财富从何而来？财富有进有出。如果在进的方面（如工资）没能有大的增长，那么适当地在出上做一些合理的节约就是很有必要的。

中产阶级虽然每月收入不菲，但也要注意控制个人财务支出，避免因过度消费而引发"经济危机"。一般情况下，个人负债不要超过个人总资产的50％，否则家庭资产的安全性就会受到威胁。所以"开源节流"就显得更为重要，只有合理安排开支，才能保证家庭有适当的资

金进行其他投资规划，从而达到"开源"的目的。

总之，只有控制个人财务，才能达到"开源节流"的目的。一方面要想办法大力开源，增加自己的本金积累；另一方面则要合理安排理财的各部分比例，以期达到正确、有效率的投资目标。

2. 在收入上做最大的努力，完成"第一桶金"的财富积累

在收入上做最大的努力，努力提升自己，获得更好的收入，力争每个月、每年都有一定的盈余资金，这样才有可能完成"第一桶金"的财富积累。

增加收入有两种途径：一是在工作上增加收入；二是在 8 小时以外增加收入。

工作是增加收入的第一途径。要想提高收入，只能练就过硬的本领，在自己工作的领域达到专而精，才有可能让领导赏识你，从而升职加薪。如何在自己的工作领域达到专而精？在工作中，自己要谦虚谨慎，虚心向领导请教，多积累工作经验，争取自己能独当一面。在业余时间，你可以给自己充电，多学习一些专业知识，多和同行交流，吸取别人的长处为己所用。同时还可以多考几本证书，给自己增加更多的筹码。努力，从不懈怠，让自己从普通的职员做到企业的管理者，你的价值和收入就会同时得到更大的提升！

除了在工作中增加收入，还可以利用工作以外的时间增加收入。比如兼职，利用自己的专业和技能，为他人提供产品和服务，可以在增加收入的同时也扩大自己的人脉，人脉的整合利用比现金的回报更有价值。笔者以前从事媒体工作，业余时间曾帮很多企业界的朋友做品牌推广，即帮助了别人积累了人脉也提升了自己，后来在业内产生了一定的

影响，辞职后创办了德品国际文化传播（北京）有限公司，为很多著名企业提供品牌规划、品牌推广、大型活动策划执行等，实现了经济与价值的双丰收。当然，在现实中，各种兼职增加收入的渠道不一而足，你可以根据自己的情况选择适合自己的方式。这样，不仅充实了自己的生活，而且增加了自己的收入，从而更好、更快地积累自己的"第一桶金"。

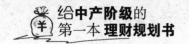

三、合理投资：投资的选择面依资金量而定

有了剩余的资金后，就基本可以开始进行投资了。但很多人在做投资理财时会陷入一个误区：盲目追求高收益而忽略对风险的把控。不要总想着一夜暴富，合理投资才是稳定收益的根本，也是获得更可靠的财富增长的唯一途径。

1. 如何理解"合理投资"的真正含义

投资讲究的是"合理"二字，这是投资能否最终获得收益的前提。那么，你理解"合理投资"的真正含义吗？合理投资也叫正确投资，它不仅涉及投资者的心态问题，更重要的是投资者使用什么方法和技巧。大致来说，合理投资应该包括以下几个方面，如表 2 - 1 所示。

表 2 - 1　　　　　　　　　　合理投资的基本含义

序号	内　容
1	投资方式主要有存款储蓄、购买股票、购买债券、购买商业保险、直接投资、投资基金等

续表 2 - 1

序号	内　　容
2	投资时，要注意投资的回报率，也要注意投资的风险性。投资的目的是为了获取收益，但投资的风险大小不同。银行存款基本没有风险，而购买股票、公司债券、金融债券等的风险较大，投资时应慎重
3	要注意投资的多样化，不应只局限在银行储蓄上，我国金融市场的不断完善给我们带来了更多的投资机会
4	投资要根据自己的经济实力量力而行。经济实力微薄，可投资储蓄或购买政府债券；经济实力允许，可选择高风险、高收益的投资品种，如购买艺术品、债券、炒股、投资房产等
5	投资既要考虑个人利益，也要考虑国家利益，做到利国利民，同时不违反国家法律、政策

2. 投资的选择面依据自己的资金量而定

理解了"合理投资"的真正含义，就进入实操层面，其中最重要的是投资的选择面要依据自己的资金量而定。

资金量小的，可以选择银行理财产品来配置，投资起点一般以 5 万元为宜，收益率为 4.5% ~ 5.5%；资金量中等的，可以选择稳利精选基金这类固定收益的品种来配置，投资起点是 20 万元，收益率为 7% ~ 14%；而资金量大的，可以考虑一些私募类的投资。不过，需要提醒投资者的是，私募投资并非能保本，风险性较大。

资金量大的，还可以选择信托类的投资，一般要求 50 万元、100

万元以上。信托类投资的收益率也较高，为 9% ~ 11%。在投资上，最好遵从以稳健型投资为主、以风险进取型投资为辅的原则，长期增值财富。像股票这类投资，可以配置，但一定要控制在一定的比例范围内，以不超过总可投资资金的 30% 为宜。

四、盘活资产：让死钱变成活钱

眼睛看见的钱是钱，眼睛还没有看见的一些其他资产也可以当作钱。理财师指出，有时候你可能没有多余的钱，那么应适当地盘活资产。比如有两套房子的，可以把一套房子变卖、出租等，将取得的资金用于投资。总之，现阶段你手头持有的资产没有产生价值的，要懂得适当盘活，让死钱变成活钱，它们就能帮你赚钱。

1. 可以盘活的个人固定资产有哪些

个人固定资产主要是指使用期限超过 1 年的房屋、建筑物、机器、机械、运输工具以及其他与生产、经营有关的设备、器具、工具等，有一定的单位价值，并且在使用过程中能保持原有实物形态的资产。

《民法通则》第七十五条规定，公民的个人财产包括以下逐项，如表 2 - 2 所示。

表 2 - 2　　　　　　　《民法通则》中所指的公民个人财产

序号	内　容
1	合法收入，指公民在法律允许的范围内，用自己的劳动或其他方法所取得的收入，如工资、奖金、稿费、利息、入股分红、接受赠送等
2	房屋，主要指公民用于生活居住的房屋
3	储蓄，是指公民存入银行或者信用社的货币
4	生活用品，如衣服、粮食、餐具、交通用具等
5	文物艺术品，如书法、绘画、陶瓷、信札、古籍等具有一定价值的物品
6	图书资料，如各种书籍、报刊、图表等
7	林木、牲畜和法律允许公民所有的生产资料，以及其他合法财产，如拖拉机、机床等

一个人是否"有钱"与其说是按照"拥有的财富多少"来衡量，不如说是按照"可支配的资源多少"来衡量更加准确。相比之下，一个人如果能拥有流水很高且持续贡献利润的公司，就算净资产只有几百万元，日子恐怕也会很好过。

资产仅仅是占有而不是支配，是无法产生收益的。如果这种资产的价值又被严重高估，那么仅仅是名义上的"富翁"罢了。

2. 如何有效盘活个人固定资产

盘活资产是将闲置、缺乏管理的资产运作起来使之带来新的收益。盘活手中的资产，让"死钱"变成"活钱"，可以获取更多的收益。

投资理财方式归纳起来有 14 种，分别是银行储蓄、债券、股票、基金、房产、外汇、古董、字画、保险、彩票、基金、钱币、邮票、珠宝。其中，古董和字画具有丰厚的增值内涵，但需要丰富的专业知识和鉴赏能力，非一般人能操作，但可以借助靠谱的专家及业内人士或者参加艺术品培训班自己研究；邮票在家庭收藏中较为普遍，但作为一种投资，见效并不十分明显，更适合个人的爱好收藏；外汇，其运作受国际金融形势影响，有很大的不可预测性，风险性较大；彩票，近乎赌博，只能作为生活的一种调味剂。因此，就盘活个人固定资产而言，最为常见的方式还是集中于银行储蓄、债券、房产、保险、股票几种。在这里主要说说房产，因为房产是最具代表性的固定资产。

房产流动性较差、不容易变现，一旦买房，大人工作、小孩读书、老人看病都与房子的位置息息相关。但是，对于房产这样的固定资产，我们真的毫无办法用它来理财吗？其实办法还是有的，下面讲解的房屋净值贷款就能让你家的固定资产不必"固定"着。

所谓房屋净值贷款，又叫循环贷，是指金融机构以借款人的住房作为抵押物，以住房净值作为抵押贷款基础，按一定的贷款成数向借款人发放的贷款。举个例子：假设你的房产价值 100 万元，长期房贷余额还有 40 万元，则净值 60 万元。如果核贷 40%，那么贷款额度可以有 24 万元。

房屋净值贷款的好处是它可以有多种用途，如日常消费，购买耐用消费品；日常经营，补充现金流；甚至可以用于证券投资或其他投资。当房屋净值贷款用于投资时，就被称为理财型房贷。

一般来说，房屋净值贷款利率比普通房贷高，但好在它的期限灵活。在不超过核贷额度的情况下，客户可以随借随还，当需要运用额度时才计息，不用时不计息，资金循环使用反而可以省息。如果借出房屋净值贷款 20 万元，运用 3 个月，年化利率为 10%，那么 3 个月后还本付息额为：$200000 \times [1 + (10\% \div 12) \times 3] = 205000$（元）。

通过房屋净值贷款，你手里的固定资产就可以不必"固定"着了，是件好事吧？

五、利用复利：资产增值会越来越快

财富管理时代，用简单的加法进行财富的积累、保值和增值已经略显缓慢。对于大多数想真正实现财务自由的投资者而言，利用复利的威力进行造富已经成为最值得期待的事。只有利用复利的威力，才能使资产增值越来越快，最终真正实现财务自由。

1. 复利——金融投资的秘诀所在

所谓复利，其计算方法是对本金及其产生的利息一并计算，也就是利上有利，达到财富的滚雪球效应。复利是一种可怕的财富增值器，虽起点小，却能无限增值。

有人说复利就是金融投资的秘诀所在。的确，复利对资产的增值大有裨益。举例来说，如果是 10% 的资产增值速度，那么第 1 年即可增值至 1.1 倍；第 2 年拿 1.1 倍的资金继续投资，则增值至 1.21 倍；第 3 年拿 1.21 倍的资金继续投资，则增值至 1.331 倍……至第 10 年，将增值至 2.59 倍；第 20 年，将增值至 6.73 倍；第 30 年，将增值高达 17.5 倍。

可见，复利增值到后面越来越快。因此，投资既要懂得采用复利，也要有长期的规划，这样未来的资产增值速度也会越来越快。

2. 如何投资才能实现复利式增值

中产阶级如何投资才能实现复利式增值？以100万元为例，如果一个中产阶级家庭拥有100万元的存款，现在要做的：一是加强投资，根据风险承受能力，可以考虑稳健型投资，只要保持每年10%的收益率，加上工资收入，在第5年左右就有200万元的积累了；二是加强保障，意外险、重疾险、养老险都应该有，而且每个家庭成员都要有。如此一来，一个中产阶级的安逸生活不难实现。

不同的投资者对100万元有不同的投资方式，为了满足不同投资者的需求，下面选择居安型投资者和激进型投资者这两个典型来具体说明。

居安型投资者以保本第一的原则来投资，其100万元的投资方式如表2-3所示。

表2-3　　　　　　　　居安型投资者的100万元投资方式

事　项	内　容
银行定期储蓄	银行定期储蓄是传统型的投资方式，是指存款人以定期的形式将资金存放在银行里，银行支付利息给存款人来作为报酬。银行定期储蓄比较安全，几乎没有风险，是投资者可以信赖的不亏本的投资方式之一
基　金	选基金和选股票一样，需要具有专业的基金知识储备和敏锐的市场洞察力、判断力。以股票型基金为例，看一只基金的好坏，不仅要看整个市场情况，也就是大盘的整体走势，还要看基金公司的管理情况、基金经理的专业情况等。基金是一种长期的理财，要看其长期的回报

续表 2 - 3

事 项	内 容
国 债	国债被公认为最安全的投资工具，是由政府为筹集资金而发行的一种政府债券，信用度高。国债分为储蓄国债、凭证式国债和记账式国债，其中凭证式国债最受欢迎，一般分为三年期和五年期，虽说其风险性几乎为零，但风险和收益成正比这条定律大家都清楚，收益并不理想

激进型投资者在投资上可以说得上是疯狂，其特点是将投资收益始终摆在第一位，因为他们深知风险与收益的比例，抗风险能力强，一般是社会上层人士，资产雄厚的，也就是真正的富人。其 100 万元的投资方式如表 2 - 4 所示。

表 2 - 4　　　　　　　　激进型投资者的 100 万元投资方式

事 项	内 容
高端物业	投资高端物业简单来说就是房产，但此房产非彼房产，是极具价值的物业。比如北京西部的金隅长安山麓项目，就吸引了温浙商人争相购买。它们是稀缺地段的优质不动产资源，待数年后物业的价值凸现出来，财富自然就会呈倍数递增。像如此地段的房产，纵使今后房产市场步入低迷，依然不会受到丝毫影响，因为它们象征着身份、地位
艺术藏品	目前艺术藏品处于钱多东西少的市场状况，有幸收藏到具有意义的藏品，其价值的增长范围是无限大的。投资艺术藏品可以说是一项高风险、高回报的投资方式，但此类投资需要大量的闲置资金和经验，如果自己不懂可以借助专业人士的指导。但现在市场上很多专家很不靠谱，为了利益坑人的不少，所以一定要长期交往，知己知彼，选择几个靠谱的，让他们给你提供购买意见，意见不一致的的物件，宁愿错过也不要轻易下手，买东西宁愿买贵也不要买假。笔者在工作之余就在清华大学艺术品投资与鉴赏班学习了四年，学到了很多艺术品鉴定知识，也交到了很多各艺术门类的顶级专家和业内人士，在艺术品投资方面获得了超额的回报

续表 2 - 4

事　项	内　容
现　货	现货市场是兴起较晚的一种投资方式，2009 年进入我国，在国外却风靡已久。国外很多有一定资产的投资者对此项投资偏爱有加，因为它买涨买跌均可获利，全天 22 小时交易，出入场没有任何限制，对于以前喜好炒股的投资者来说无疑是一种更好的投资方式。其收益可观，最重要的是具有风险可控性

一个人能走多远、有多优秀、有多成功，要看他有怎样的格局。如果你在投资路上彷徨、犹豫不决，资产增值就会成为一句空话，而利用复利也就无从谈起了。

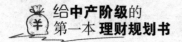
六、以小博大：用小投资滚大"雪球"

滚雪球的投资方式是指一旦获得了起始的优势，雪球就会越滚越大，优势就会越来越明显，比喻该投资方式积少成多，优势逐渐强大。这是股神巴菲特的经典炒股方法。巴菲特说："人生就像滚雪球，重要的是找到很湿的雪和很长的坡。"

1. 小投资也可以滚成大"雪球"

有人说自己没那么多钱怎么去投资。其实未必，钱少也可以做一些小额的投资。例如基金的定投，即每个月划拨几千元，甚至几百元投资于某些基金，这些可以通过银行自动转账的方式来完成。虽然基金定投的收益不算很高，但却是一种比较接地气的理财方式。钱少的也不要灰心，可从小的投资做起，慢慢积累。要知道，雪球也是从一点点开始，到后面越滚越大的。

2. 雪球效应：以小博大，开启雪崩模式

雪球效应在经济学上被称为"报酬递增率"的规律，由小开始，

利润又转换为资本，资本越来越多，利润也越来越多，利润再转换为资本。一旦获得了起始的优势，雪球就会越滚越大，优势就会越来越明显。

现在我们来看一则小故事：

有一个年轻人，抓了一只蜈蚣，卖给药铺，他得到了 1 枚铜币。他走过花园，听花匠们说口渴，他又有了想法。他用这枚铜币买了一点糖浆，和着水送给花匠们喝。花匠们喝了水，便一人送他一束花。他到集市上卖掉这些花，得到了 8 枚铜币。

一天，风雨交加，果园里到处都是被狂风吹落的枯枝败叶。年轻人对园丁说："如果把这些枯枝败叶送给我，那么我愿意把果园打扫干净。"园丁很高兴，说："可以，你都拿去吧！"年轻人用 8 铜币买了一些糖果，分给一群玩耍的小孩，小孩帮他把所有的枯枝败叶捡拾一空。年轻人又去找皇家厨工，说有一堆柴想卖给他们，厨工付了 16 枚铜币买走了这堆柴。

年轻人用 16 枚铜币谋起了生计，在离城不远的地方摆了个茶水摊，因为附近有 500 名割草工人要喝水。

不久，他认识了一个路过喝水的商人，商人告诉他："明天有一个马贩子带 400 匹马进城。"听了商人的话，年轻人想了一会，对割草工人说："今天我不收钱了，请你们每人给我一捆草，行吗？"工人们很慷慨地说："行啊！"这样，年轻人有了 500 捆草。第二天，马贩子来了要买饲料，便出了 1000 枚铜币买下了年轻人的 500 捆草。几年后，年轻人成了远近闻名的大财主。

　　故事很简单，也很有意思。年轻人的成功不是偶然的。第一，有思想。他明白要想得到就一定要付出。他先送水给花匠喝，花匠得到了好处，便给了他回报。这也是双赢的智慧。第二，有眼光。他知道那些枯枝败叶可以卖个好价钱，但如何得到大有学问。所以，他提出以劳动换取。这也符合勤劳致富的社会准则。第三，有组织能力。他知道，单靠他一个人难以完成这项工作。他组织了一帮小孩为他工作，并用糖果来支付报酬。从这一点来看，他具备领导艺术和管理才能，用较低的成本赢得了较大的投资收益。第四，有信息意识。他可以从和商人的谈话中捕捉赚钱的机会，再用较低的价格收购了一大批草，转手卖了个好价钱。这一点与我们在信息时代的经济贸易非常吻合。第五，遇见了合适的人。如果他没有遇见药铺的人、园丁等，也就没有他的成功。成功的必要准则是：在合适的地点、合适的时间遇上对的人，这事就成了。有时候成功就这么简单，而这一点恰恰也是最重要的。

七、未雨绸缪：中产阶级应对经济衰退期的理财要点

现在的世界经济正处于衰退期，这个时期的经济非常混乱，没有明显的创新技术得到普及，大家都在摸索中前行。经济衰退期的典型特征就是金融的活跃，一方面货币供应量继续大踏步前进，另一方面实体经济停滞不前，造成的后果就是大量的流动资金到处流窜，到处都是资本的混战。在这样一个大时代，中产阶级应对经济衰退期应该把握的理财要点是：第一，政策的趋势告诉我们，先下手为强；第二，在金融乱象中，资产配置需要更讲究；第三，能用别人的钱就别花自己的钱。

1. 政策的趋势告诉我们，先下手为强

自 2016 年 12 月 1 日起，国家对零售价格 130 万元及以上的乘用车和中轻型商用客车，在零售环节加征 10% 的消费税。如果你买一台价值 200 万元的车，那么从 2016 年 12 月 1 日起就加征 17 万元消费税。

从政策的走向来看，在投资领域，都是先下手为强，后下手遭殃。只要大家都觉得有钱赚的时候，国家的各项政策、规定、通知就要开始

调整了。股市太热就需要打压，房市太热就需要降温，海外保险太疯就需要限额。就连什么都不做，想安静地把每年 5 万美元兑换完的普通群众，也应该注意到中国金融研究院管涛的发言："如果市场出现集体非理性行为，为防范系统性金融风险，临时采取一些调控跨境资本流动的政策措施也是必要的。"

2. 在金融乱象中，资产配置需要更讲究

也不知道从哪一天开始，中国每个人都在意起了理财，这中间当然有货币超发引起的焦虑，也有股灾房市引发的理财意识觉醒。

在所有的理财产品中，房产依然是配置的首选，因为好房子不仅是住所，还承载了教育、医疗、金融和各种福利。什么是好房子？有一个标准可以参考，就是可住、可租、可售、可方便抵押贷款。这就意味着有了各种流动性资金的可能。

其次是保险。虽然目前中国香港保险有银联规定单笔刷卡上限 5000 美元的限制，但购买中国香港保险最主要的不是保险，而是赚取汇率差，因为港币跟美元挂钩，这与到美国买房产有异曲同工之妙。国内保险买保障，国外保险买投资。

3. 能用别人的钱就别花自己的钱

富人更善于借钱，说好听点就是利用杠杆，真相是享受国家超发货币所带来的泡沫。比如你买房子贷款 70%，就相当于用了 3 倍的杠杆。这样的好处显而易见：一是你的债务不变，但债务随着资产泡沫会贬值，简单地说就是你的债务会越来越不值钱；二是剩余的钱可以投资，只要超过贷款的利率，你就相当于得到了双倍的好处。所以，能贷款

30 年，就别贷 29 年；能贷款 70%，就别贷 69%。

买房子如此，消费也是如此。比如买车，更不要占用大量资金，因为车是消费品，落地就 8 折。租的方式或许是明智的选择。百长好车汽车融资租赁是一个不错的选择，其有三种做法：以租代购、先租后买和置换租购，让拥有更简单。比如先租后买，把自己喜欢的车先租赁下来，每月支付极低的租金开 12 个月，1 年后感到满意就让百长好车提供贷款买下来，感到不满意就把车还给百长好车。这样既节省了资金成本，又降低了购车后不喜欢的风险。

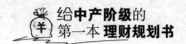
八、规避风险：中产阶级理财应极力避免的五大误区

关于如何打理资产这样一个话题，永远也找不到标准答案。但要知道三条最重要的理财纪律：第一，让现金动起来；第二，安全比收益更重要；第三，增值。安全、流动性和增值往往是不可兼得的，但聪明的人永远知道如何随季节播种。你要守住"血汗钱"，就要在现金与资产之间找到支点。比如存款、房产、股票、P2P 网贷、黄金等是中产阶级投资的重要方式，但也要擦亮眼睛，避免踏入投资误区。

1. 黄金不是"印钞机"

黄金是市场公认的最佳抗通胀品种。不过，投资的时候千万别把黄金当作"印钞机"来追捧，它骨子里是一种慢热的投资品。作为跟随通胀上升的资产，黄金价格的上涨速度往往要高出通胀率几倍。不过，追涨黄金可能会阴沟里翻船。黄金作为保守型投资产品，更适合大家少量的、细水长流式的投资。

要想驾驭黄金为财富增值，投资的法则还是应该坚持中长线投资原则，逐步建仓、逢低买进，买后应当立足半年以上。预期年化收益率为10%左右就已经到了极致，别拿它与股票等高风险的投资品种相提并论。我曾清楚地记得，著名收藏家陆忠老先生在清华大学给我们上课时，他意味深长地告诫大家手上一定要换一些黄金（而不是换很多），以备不时之需，还可以抵抗通胀。

2. 囤一间商铺等着升值

房地产调控之槌落下，飙升的房价虽略有收敛，但并没有走下神坛的意思，一、二线城市的人们开始动起商铺的脑筋。尽管民间一直有"一铺养三代"的说法，不过动辄数百万元的商铺投资却有着与住宅迥异的投资法则。买商铺的一大忌就是只注重物业升值而不问收益率，把"囤房养老"的观念用在了商铺投资上。

投资商铺不仅要考虑物业升值，更要考虑收益率。正常的商铺投资回报率应该在8%左右，甚至更高。通常而言，租金年收益率在6%以下的商铺，无论囤多长时间，都有可能因找不到买家而烂在手上。在互联网时代，投资商铺已经有一定的风险，除非你很会选择，好的商铺才有投资价值。

3. 股市就是一个"大赌场"

从之前短暂的亢奋到今年以来的萎靡，在股海浮沉的投资者今年元气大伤。有人形容今年的股市是一个大赌场，十赌九输。不过，如果相信未来通胀的可能性要大于通缩，那股市是你痛定思痛的选择，如今的赌场可能就是未来的金矿。"在市场恐惧时贪婪"是股市赚钱的不二法则，如果你眼光独到，就能淘到每年增长30%、不足20倍PE的股票。

欧美股市历史证明，剔除通胀后的股票市场长期年均收益率维持在 6.5%～7%。中产阶级投资股市，建议不要使用杠杆，同时要控制自己投资的额度。

对于普通投资者来说，如果没有炒股的好技术，又受不了股市跌宕起伏造成的心理压力，则可以考虑投资股票型基金或者采取逢低多买的"定投"式投资法，既摊低了成本，同时也分散了投资风险。

4. 投资 P2P 不能只看高收益

很多家庭拿可用储蓄的 30%～50% 来配置中长期的投资。现在越来越多的家庭开始配置 P2P 网贷投资。投资 P2P 网贷不能只看重高利率，更要看重投资的安全性。需要对 P2P 网贷平台做详细的了解与考察，随时关注国家对 P2P 网贷的政策，选择利率适中、平台实力强大，最好有国资、上市、风投背景的 P2P 网贷平台，只有这样，才能更好地保障本金安全。

以有上市公司背景的 P2P 理财平台杉易贷为例，配置 50 万元左右，对应的年收益率是 10.6%。总的收益率为 9.6%～13%。这部分投资可较好地在中长期实现家庭财富增值。简单计算可知，如 1 元以 10% 的年收益率利滚利复利投资，那么 5 年后增值将为 1.6 倍，10 年后可达 2.6 倍，增值惊人。像这些可作为家庭的主力资产配置投资。

5. 别把保险当投资和储蓄

一说起保险就让人头痛，产品说明书总像天书般难懂，一般人看保险如雾里看花。有人把保险等同于储蓄，不论险种和自己的需求，投保追求时间越短、保障越实惠越好。有的人把保险当成投资，却不知保险的投资功能存在诸多前提限制。保险产品的主要功能是保障。重孩子、轻大人，是很多家庭购买保险时容易犯的错误。孩子当然重要，但是保险理财体现的是对家庭财务风险的规避，大人发生意外对家庭造成的财务损失和影响要远远大于孩子。

因此，正确的保险理财原则应该是首先为大人购买寿险、意外险等保障功能强的产品，然后再为孩子按需购买一些健康、教育类的险种。而且在资金投入上，应该给大人，特别是家庭经济支柱分配越多越好。

第二部分

落地措施：中产阶级投资理财渠道与解决方案

第一部分我们讲中产阶级投资理财要顺势而为，这个"为"就是要落地、要采取措施。这一部分讲的就是落地措施，也就是中产阶级的投资理财渠道与解决方案，这是由理论最终到实践的必由之路，是理论在实践中的生根之举。

　　现实中，大多数中产阶级还没有找到一个合适的投资理财渠道，因此，那些十分重视理财、想成为中产阶级乃至以上的家庭，更想利用有效的投资理财渠道来实现自己的财富梦想。适合中产阶级家庭的理财渠道有哪些？在这一部分，我们将全面分析银行理财、基金投资、国债投资、保险投资、股市投资、股权投资、艺术品投资、P2P理财、信托理财九大投资理财渠道，提出切实可行的解决方案，包括平台及产品的选择、风险控制、注意事项等极具实战性的操作方法，帮助中产阶级为家庭增加收入，同时避免资金浪费。

第三章
银行理财：中产阶级家庭的最爱

这么多年过去了，银行理财依然是中产阶级家庭的最爱。就像歌里唱的那样，"有的东西说不清哪里好，但就是谁都替代不了"。银行理财有一定的优势，比如，明显的资金链优势，信誉好、安全性高，网点众多，快捷便利，银行理财更专业、客观等。当然，没有绝对意义上无风险的理财产品，银行理财产品的收益与风险也是呈正相关关系的，因此购买银行理财产品也要注意风险管控。为此，本章将探讨银行存钱方式、购买银行理财产品时的注意事项、怎样买到高收益的银行理财产品、银行理财产品风险管控等议题。

一、银行存钱方式有很多，不能只知道定期存款

大部分中产阶级喜欢把手里的钱存在银行，虽然时下各种理财渠道非常多，但银行理财依然是中产阶级家庭的最爱。说到这里，很多人会想当然地认为是定期存款，实际上，在银行里存钱的方式有多种，定期存款恰恰是利息最低的那种。当然，不同的存款方式有其自身的特点，不是说利率高就一定好，归根到底还是要看哪种存钱方式最适合你。

银行存款理财有四种方式，如表 3-1 所示。

表 3-1　　　　　　　　　银行的四种存款理财方式

方　式	期　限	利　率	起存金额	风　险	流动性
定期存款	3 个月、6 个月、1 年、2 年、3 年、5 年	3 个月平均 1.419%，6 个月平均 1.67%，1 年平均 1.93%，2 年平均 2.516%，3 年平均 3.083%，5 年平均 3.138%	50 元	很低，即使银行破产或倒闭，储户的存款也能享受存款保险制度的保护，50 万元以内全赔	未到期前可随时支取，但只能按照活期利率计息

续表 3-1

大额存单	1 个月、3 个月、6 个月、9 个月、1 年、18 个月、2 年、3 年、5 年	一般较央行基准利率上浮 40%，略高于银行定存，1 年期利率普遍为 2.1%	有的 30 万元，有的 20 万元	很低，与定存一样属于存款，受存款保险制度的保护	未到期前可提前支取，靠档计息。比如 3 年期存单持有满 1 年的时候提取，按照 1 年期定存利率计息
国　债	3 年、5 年	3 年期 3.8%，5 年期 4.17%	100 元	几乎为零，受国家信誉保障	持有不满 6 个月不计息，6 个月以上靠档计息，另外要扣除本金 1% 的手续费
银行理财	大多为 1 个月~1 年	二月份平均预期收益率为 4.05%	5 万元	较低，其中 R1 级别很低，R2 级别低，R3 级别中等风险，R4 和 R5 级别很少见	封闭式理财很差，不能提前赎回；开放式理财可随时赎回，但持有时间太短需支付手续费

　　银行的这四种存款理财方式总的来说安全性都比较高，我们可以总结出以下特点，如表 3-2 所示。

表 3 - 2 银行四种存款理财方式的特点

序号	内　容
1	定期存款最常见，存取最方便，但利率最低
2	国债最安全，利率也比较高，但很难买，经常被抢购一空，而且只有每年 3 月到 11 月的 10 日才可以购买
3	大额存单似乎没有什么特别突出的地方，只能作为定存的一种补充
4	银行理财收益率最高，但大部分流动性比较差

投资者如何选择适合自己的存款理财方式呢？

第一，如果你时间比较充足，看重资金的安全性，对资金的流动性要求不高，也就是说未来三到五年内不会用到这笔资金，那么首选国债。凭证式国债只能在银行柜台购买，所以需要在每月的 10 日一大早提前去排队。电子式国债可以通过银行柜台和网上银行两种渠道购买，既可以排队，也可以在网上抢购。

第二，如果你追求产品的收益率，那么建议选择银行理财，一些中小银行的理财产品收益率能达到 4.5% 左右，还是比国债要高的；如果你同时追求流动性，那么可以选择开放式理财，收益率是变动的，不过尽量持有时间长一点，否则有可能收取赎回费。

第三，如果你认为银行理财不那么安全，并且国债也抢不到，那么只能选择定存了，钱少的话只能存普通的定期存款，有 20 万元或 30 万元以上可以考虑大额存单。

综上所述，理财分析师并不建议大家去存定期存款，毕竟 1 年期利率 2% 左右太低了，存在银行不如放在货币基金里。现在大部分银行都有自己的"货基宝宝"产品，目前收益率在3%以上。货币基金有三大优势：一是起点低，1分或1元起存；二是安全性高，到目前为止中国还没有出现过亏损的货币基金；三是流动性高，很多都可以做到提现即时到账。

二、买银行理财产品，要看清楚银行帮你买的都是什么

有人就是不擅长理财，或者说没有时间和精力去琢磨哪个产品更好，如何搭配风险更低、收益更高。对于他们而言，把钱交给专业的银行来打理，自己的时间用来琢磨生意、职业和社交，回报反而更高。而且，虽然现在大部分银行理财产品都不保本，但到目前为止，还很少出现不能兑付的情况（指的是银行自身发行管理的，代售的另当别论），最多也就是收益比约定的少一些，本钱至少都能拿回来。

所以，很多高净值、中产、小康家庭在理财时都会优先考虑银行理财产品，很多人可以说是闭着眼睛买。当你因为钱太多、无处可投而烦恼时，不妨配置一些。从国家的态度来看，打破刚兑、风险自担是必然趋势，所以尽量不要再闭着眼睛买。

银行理财，说白了就是你把钱交给银行，委托银行来帮你进行资产配置。银行拿到了你的钱，有可能配置一些债券、信托、银行票据、打新股等，也有可能去买股票、基金，甚至去投资外汇、黄金等。所以，在购买银行理财产品之前，一定要看清楚它帮你买的都是什么，别糊里

糊涂地买到了自己根本不想买的东西。

第一，从收益率来说，银行理财有保本和非保本、固定收益和浮动收益之分。如果产品说明里写着"非保本浮动收益"字样，就说明这类产品有亏损可能，或者拿不到那么多利息。同样地，保本收益型至少能拿回本金，固定收益类本金和利息都能保证拿到。大部分银行理财产品属于非保本浮动收益型。

第二，从产品投资方式来说，有封闭式和开放式之分。如果是封闭式非净值型，就说明你只能在募集期买到，而且只能持有到期，着急用钱也没办法。开放式净值型则代表你在开放期就可以随时买入或者赎回，不用必须持有到期。不过，如果在开放期赎回，那么收益率会低一些。

第三，从产品的风险大小来说，有结构性和非结构性之分。非结构性银行理财产品一般投资的是货币市场、债券之类的产品，风险和收益都比较低，而且收益相对稳定。结构性银行理财产品除了投资收益比较稳定的产品，还会购买一些股票、基金，甚至期货、外汇之类。所以，在投资银行理财产品的时候，在看到"结构性"或者"挂钩标的"字样时，一定要看清楚它主要投资了哪些品种，尽量选择自己熟悉、放心的领域。

第四，从挂钩货币来看，有人民币和外币型之分。银行的理财产品大部分是人民币理财产品，主要投资境内资产。但也有少量的美元、欧元、港币、英镑理财产品，用来投资国外的资产，需要换汇才能买。但是，不推荐买外币产品，因为收益率最高才1%多一点儿，这点钱还不如投资货币基金呢。

三、怎样买到高收益率的银行理财产品

尽管现在互联网金融越来越规范，也越来越被大家接受，但是大家普遍认为把钱放在银行里才是最安全的。但是，把钱放在银行里，只让它静静地趴在普通的定期存款账户里睡大觉，也未免太浪费了。

同样是在银行买理财产品，你知道怎样才能获得更高的收益率吗？这跟在哪家银行买、哪个时间买、哪个渠道买都有关系，下面把它们的秘密一一道来。

第一，城市商业银行、股份制银行收益率高。

其实，稍微了解一下就知道，在银行买理财产品，很多城市商业银行和股份制银行都要比四大国有银行的收益率高。从 2017 年 2 月银行理财产品收益率排名（理财产品发行量在 30 款以上的银行）中可以看出，在前 10 名中一家国有银行都没有，所以城市商业银行和股份制银行是购买银行理财产品的首选之地，不仅数量多、布局广，而且收益率高。

不过要补充一点的是，排行第一的汇丰银行虽然收益率高达 5.78%，但基本上都是结构性理财产品，挂钩的都是黄金、外汇、股票、股指之类的高风险标的，风险较大，要想获得预期的高收益率并不容易。

那么，有的朋友可能会说，小地方没有城市商业银行和股份制银行怎么办？没有城市商业银行网点也不怕，很多城市商业银行开通了直销银行，这些直销银行没有营业网点，不发放实体银行卡，只需要电脑、手机就可以获取银行产品和服务，还是非常方便的。

第二，手机银行专属理财产品。

现在各大银行都在推手机银行，通过手机银行可以很容易地查看账户的信息，当然它们也不会放过理财这块肥肉。不少银行还会为手机银行专门定制理财产品，投资者只能通过手机银行购买。

一般来说，手机银行专属理财产品的平均收益率较同期限的传统理财产品高出 0.1% ~ 0.5%。2017 年 3 月初，宁夏银行推出一款手机银行专属理财产品，预计年化收益率高达 4.90%；华夏银行推出的一款手机银行专属理财产品，年化收益率也达到 4.65%。

第三，银行开理财夜市。

理财夜市是一种在夜间发售的理财产品，发售时间一般是晚上 8 点至 12 点。目前，绝大多数理财夜市产品只能通过网上银行或手机银行等在线渠道购买。由于省去了银行人力成本，理财夜市的收益率普遍高于柜面。

以光大银行为例，2017 年其理财夜市产品收益率最高能达到 4.6%，东莞农商银行理财夜市的一款产品收益率更是高达 4.8%，都是非常不错的理财产品。

目前，除光大银行、东莞农商银行外，平安银行、招商银行、兴业银行等也相继开设了理财夜市。

第四，银行促销活动。

银行也喜欢在节假日推出专属理财产品。一般来说，每逢重阳节、端午节、教师节、春节等节日，银行都会提前一至两周发行相应的节日理财产品，预期收益率也相对较高。

以 2017 年春节为例，南京银行北京分行推出了一款专属理财产品，预期收益率高达 5.20%；长安银行推出的一款春节理财产品，预期最高收益率也有 4.7%。

需要提醒各位的是，节假日专属理财产品收益率较高，非常抢手，经常在推出之后几小时内就被抢光，因此一定要常关注、早下手。

四、银行理财也要注意风险管控

　　很多人对银行理财产品的印象是：风险低、收益率高于定期存款。这种印象总的来说没有错，但银行理财产品绝不是垂手可摘的牡丹。过去，多家银行爆出的银行理财产品"零收益门""负收益门"事件就是最好的警示。购买银行理财产品也有很多陷阱，比如表 3-3 中这 10 件事是必须知道的。

表 3-3　　　　　　　　　　买银行理财产品必须知道的 10 件事

事　项	内　容
理财产品有亏损的风险	近年来，银行理财产品的市场异常火爆，但投资者要明白，理财产品的稳赚只是传说，有的理财产品到期时有可能得不到预期收益，有的甚至连本金也不保
募集期藏有玄机	理财收益会被"摊薄"。通常情况下，银行一般会声称，银行理财产品在资金募集期和清算期不享有收益，是按活期存款利息计算的。如果投资者买入时间较早，而该产品的募集期和清算期又比较长，那么实际收益率就会被拉低。比如某商业银行推出的一款预期收益率高达 5.5% 的 1 个月期限理财产品，从 9 月 26 日开始销售，10 月 7 日才结束募集，从 10 月 8 日起计算利息。也就是说，购买的这款产品，空档期是 12 天。这 12 天的空档期就"摊薄"了购买者的实际理财收益

续表 3 - 3

事　项	内　容
预期收益率不等于实际收益率	随着银行间竞争激烈程度的不断加大，理财产品的收益率也水涨船高。很多银行都竞相推出收益率"诱人"的理财产品，如某商业银行 1 年期的人民币理财产品的预期收益率达到 15% 左右。但是，并不是所有的理财产品都能达到其承诺的收益率，因为预期收益率并不等于实际收益率。理财专家提醒，选择银行理财产品，不要光盯着收益率。实际上，许多产品由于存在"猫腻"，投资者最终到手的收益率并没有宣传时说的那么多
产品评级不见得靠谱	在产品说明书中，我们经常能看到相关的风险评级，如中信银行一款产品就在说明书中显示为 PR2 级（稳健型，黄色级别）。其实这都是银行自己给自己评定的，并非第三方机构评的，意义并不大。不仅理财产品的风险评级本身不可靠，而且银监会明确要求银行必须进行的投资者风险测评，不少银行也在走过场
风险提示必须看清楚	尽管银行会按照相关部门的要求，在银行理财产品说明书和合同上对风险提示做所谓的表述，但那些风险说明由于太专业甚至充斥着各类专业术语，对于投资人并没有多大价值，普通人也看不懂。有的银行发行的理财产品说明书尽管长达十几页，但是对于产品的本质风险揭示甚少，大部分是营销性质的语言，而非客观的深度分析
资金投向要关注	理财产品的资金投向直接与产品的风险挂钩。投资者在阅读产品说明书时，必须关注资金投向。如果资金投向为债券回购、存款、国债、金融债、央行票据等，那么这样的理财产品风险就低；如果资金投向为二级市场，如股票、基金等，那么这样的理财产品风险就偏高

续表 3 - 3

事　项	内　容
避开"霸王条款"的理财产品	在银行理财产品说明书里，某些设计条款明显偏向银行，把投资者的收益"榨干吸尽"，投资者要当心这样的理财产品，尽量不去触碰。比如，在某些结构性理财产品的说明书中，一概规定"超过预期年化收益率的最高部分，将作为银行投资管理费用"
看清产品是银行自发还是代销	在银行渠道里，大部分银行理财产品都是银行自发的，但也不排除银行作为代理销售其他的理财产品。如某些银行理财产品的说明书中明确写着"银行作为投资者的代理人……"这样的声明。银行只承认是代理、委托关系，若出了事，它不负责
超高收益率往往是"镜中花、水中月"	对普通投资者来说，无论是否能够读懂复杂的产品说明书，高收益率都是很大的诱惑。目前结构性产品多为保本、部分保本或非保本的浮动收益型产品，由于触发条件等的严格限制，超高收益率只能是"镜中花、水中月"，沦为银行营销的噱头
隐藏的费用要当心	与明面上的手续费相比，银行理财的"隐形费率"问题更为突出。多家银行理财产品说明书显示，理财产品预期收益率计算公式为"理财计划预期投资收益率 - 理财产品销售手续费、托管费等费用"。根据银率网数据，2013 年以来发行的银行理财产品托管费率平均为 0.05%，销售费率平均为 0.26%。若银行只按这个标准收费，可谓"非常厚道"。而事实上，银行最大的收费恰恰被隐藏在这个"等"字里面

【案例展示】平台案例：新中产阶级青睐的理财平台

　　新中产阶级是受互联网浸润的一代，生活频频遇到使用互联网的情况，对于工作繁忙的新中产阶级来说，互联网理财使得投资变得更加便利快速、简单亲民。下面就来看看陆金所、来存吧、抓钱猫这三个受新中产阶级青睐的互联网理财平台。

　　陆金所是平安集团旗下成员，无论是运营团队还是项目来源都对接平安集团内部的优质资源，迅速成长为业内数一数二的大平台。陆金所把风控作为核心竞争力，由平安旗下担保公司对项目提供担保，在健全的风险管控体系基础上，为投资人提供专业、可靠的投资理财服务。目前，陆金所依靠其独特优势积极转型，平台项目涵盖了理财、基金、信托、保险等多个种类，打造一站式理财平台。目前陆金所已将互金业务剥离出去，交由旗下陆金服平台独立运营，但投资项目还是其一贯的风格。不过陆金所也并不完美，它最大的短板在于收益率。陆金所的项目大多万元起投，1 年 ~3 年期限，但是年化收益率最高只有 8% 左右。

　　来存吧是一个只做银行承兑汇票的专业票据理财平台。在票据理财这个市场上，来存吧更像一匹票据市场的黑马，仅用 1 年多的时间就迅速凭借其独特的产品优势赢得了中产阶级家庭的信任。来存吧产品优势的独特性体现在 4 个方面：第一，来存吧采用个人对银行的 P2B 业务模式，银行的信誉高，保证了投资的安全稳定，来存吧所有的理财产品都是未到期的银行承兑汇票，到期后由承兑银行 100% 兑付；第二，来存吧的年化收益率为 7% ～11%，逢年过节还会推出特别活动，在原有年化基础上加息，所以投资来存吧平台收益率更高；第三，来存吧有着"去假存真"的经营理念，它拥有一支经验丰富的验票团队，坚决杜绝一切虚假融资，每一个标的都是真实的；第四，来存吧的新手标期限为 7 天，年化收益率为 20%，活期理财随存宝，随存随取，年化收益率为 7%，定期理财银票宝，理财期限为 15 ～150 天，年化收益率为 8% ～11%。正是因为具备上述这些因素，让来存吧赢得了中产阶级家庭的信任。

抓钱猫平台隶属于杭州飞牛科技有限公司，公司创立于 2014 年 8 月，致力于为用户打造便捷、稳健、安全的互联网金融公司。抓钱猫的理财期限为 15 ～180 天，投资周期非常灵活，可满足不同收益需求的投资者。抓钱猫产品的年化收益率为 5% ～10%，收益稳健，新人首次投资专享 10% 的年化高收益率。

第四章
基金投资：中产阶级投资基金的懒人技巧

投资基金有很多技巧，但你不一定都知道！在本章中，我们以国家为什么要设立基金为切入点，讨论以下几个议题：为何看基金的收益率而不是价格的高低？如何购买适合自己风险承受能力的基金品种？是买新基金还是买老基金？开放式基金和封闭式基金有何区别？分红次数多的基金一定是最好的基金吗？如何理解投资基金要放长线？这些都是实战中需要面对并且一定要解决好的问题。

一、国家为什么要设立基金

国家设立基金是为了什么？我们先来看看基金是什么。

基金有广义和狭义之分。广义上的基金是指为了某种目的而设立的一定数量的资金，主要包括信托投资基金、公积金、保险基金、退休基金，以及各种基金会的基金。狭义上的基金主要是指证券投资基金。从资金关系来看，基金是指专门用于某种特定目的并进行独立核算的资金。其中，既包括各国共有的养老保险基金、退休基金、救济基金、教育奖励基金等，也包括中国特有的财政专项基金、职工集体福利基金、能源交通重点建设基金、预算调节基金等。从组织性质上讲，基金是指管理和运作专门用于某种特定目的并进行独立核算的资金的机构或组织。这种基金组织可以是非法人机构（如财政专项基金、高校中的教育奖励基金、保险基金等），也可以是事业性法人机构（如中国的宋庆龄儿童基金会、孙冶方经济学奖励基金会、茅盾文学奖励基金会，美国的福特基金会、霍布赖特基金会等），还可以是公司性法人机构。

国家之所以设立基金，是因为基金在推动经济发展过程中具有重要作用。其具体体现在以下几个方面，如表 4 - 1 所示。

表 4 - 1 基金在推动经济发展过程中的重要作用

事 项	内 容
基金为中小投资者拓宽了投资渠道	对中小投资者来说，存款或购买债券较为稳妥，但收益率较低；投资于股票有可能获得较高收益率，但风险较大。证券投资基金作为一种新型的投资工具，把众多投资者的小额资金汇集起来进行组合投资，由专家来管理和运作，经营稳定、收益可观，可以说是专门为中小投资者设计的间接投资工具，大大拓宽了中小投资者的投资渠道。可以说基金已进入了寻常百姓家，成为大众化的投资工具
基金促进了产业发展和经济增长	基金通过把储蓄转化为投资，有力地促进了产业发展和经济增长。基金吸收社会上的闲散资金，为企业在证券市场上筹集资金创造了良好的融资环境，实际上起到了把储蓄资金转化为生产资金的作用。这种储蓄转化为投资的机制为产业发展和经济增长提供了重要的资金来源，而且随着基金的发展壮大，这种作用越来越明显
有利于证券市场的稳定和发展	第一，基金的发展有利于证券市场的稳定。证券市场的稳定与否同市场的投资者结构密切相关。基金的出现和发展，能有效地改善证券市场的投资者结构，成为稳定市场的中坚力量。基金由专业投资人士经营管理，其投资经验比较丰富，信息资料齐备，分析手段较为先进，投资行为相对理性，在客观上能起到稳定市场的作用。同时，基金一般注重资本的长期增长，多采取长期的投资行为，较少在证券市场上频繁进出，能减少证券市场的波动。第二，基金作为一种主要投资于证券的金融工具，它的出现和发展增加了证券市场的投资品种，扩大了证券市场的交易规模，起到了丰富、活跃证券市场的作用。随着基金的发展壮大，它已成为推动证券市场发展的重要动力

续表 4 - 1

事　项	内　容
有利于证券市场的国际化	很多发展中国家对开放本国证券市场持谨慎态度，在这种情况下，与外国合作组建基金，逐步、有序地引进外国资本投资于本证券市场，不失为一个明智的选择。与直接向投资者开放证券市场相比，这种方式使监管当局能控制好利用外资的规模和市场开放程度

二、为何看基金的收益率而不是价格的高低

有很多投资者在购买基金时会去选择价格较低的基金，这是一种错误的观点。例如，A 基金和 B 基金同时成立并运作，1 年以后，A 基金的单位净值达到了 2.00 元/份，而 B 基金的单位净值只有 1.20 元/份。按此收益率，再过一年，A 基金的单位净值将达到 4.00 元/份，而 B 基金的单位净值只能是 1.44 元/份。如果你在第 1 年时贪便宜买了 B 基金，那么收益就会比购买 A 基金少很多。所以，在购买基金时，一定要看基金的收益率，而不是看价格的高低。

关于基金收益率的计算，假设一位投资者在一级市场上以每单位 1.01 元的价格认购了若干数量的基金。收益率是怎样计算的呢？这里分三种情况进行分析。由于所要计算的是投资于基金的短期收益率，因此我们选用了当期收益率的指标。

其公式是：当期收益率 $R = (P - P_0 + D) \div P_0$

第一种情况：基金收益率市价 $P >$ 初始购买价 P_0。

初始购买价 P_0 小于当期价格 P，基金持有人的收益率 R 处于理想状态，R 的大小取决于 P 与 P_0 间的差价。假设投资者在 2016 年 1 月 4

日购买兴华的初始价格 P_0 为 1.21 元，当期价格 P 为 1.40 元，分红金额为 0.022 元，收益率 R 为 17.2%；2016 年 7 月 5 日购买，初始价格 P_0 为 1.34 元，则半年期的收益率为 4.47%，折合为年收益率则为 8.9%；2016 年 10 月 8 日为 1.33 元（也是 2016 年下半年的平均价格），那么其 3 个月的持有收益率为 5.26%，折合为年收益率高达 21%。当然，这样折算只是为了和同期银行储蓄存款利率做对比，这种方法并不科学。从以上示例中可见，在基金当期市价大于基金初始购买价时，投资者能够获得较为丰厚的收益。

第二种情况：基金收益率市价 P = 初始购买价 P_0。

由于市价与初始购买价相同，因此，基金投资者的当期投资收益率为 0。此时基金分红派现数量的多少并不能增加投资者的收益率。道理很简单，下面仍以兴华基金为例。假设投资者初始购买价为 1.40 元，目前的市价也为 1.40 元，并且在基金除息日前一天还是这一价格，基金每单位分红 0.36 元。如果投资者在除息日前一天卖掉了基金，显然他的收益率为 0（不考虑机会成本）。除息后基金的价格变为 1.04 元，虽然投资者得到了 0.36 元的现金分红，但他手中的基金只能够在市场上卖到 1.04 元（不考虑基金受到炒作从而使基金价格出现类似"填权"的行情），可见投资者的收益率并没有发生变化，仍为 0。当然，如果基金在除息后出现类似于"填权"的价格上升，则基金投资者的收益率开始为正，并随着价格升幅的增大而增加。相反，如果基金价格下降，低于 1.04 元，则基金投资者就会出现亏损。

第三种情况：基金收益率市价 P < 初始购买价 P_0。

在这种情况下，投资者的收益率为负。仍以兴华基金为例。假设投资者初始购买价为 1.50 元，目前的价格为 1.40 元。如果基金在除息日前价格不能回到 1.50 元或除息后价格不能升至 1.14 元，那么投资者将一直处于亏损状态。

三、如何购买适合自己风险承受能力的基金品种

现在发行的基金多是开放式的股票型基金，它是现今我国基金业风险最高的基金品种。此外还有债券型基金、股债平衡型基金及货币市场基金等。部分投资者认为股市正经历着大牛市，许多基金是通过各大银行发行的，所以绝对不会有风险。但他们不知道基金只是专家代你投资理财，他们要拿着你的钱去购买有价证券，和任何投资一样，具有一定的风险，而且这种风险永远不会完全消失。因此，要购买适合自己风险承受能力的基金品种。

第一，了解自己手中闲置资金可以运用的期限。如果资金属于长期资金，比如3～5年的闲置资金，就可以选择中长期增值潜力较高的股票型基金；短期资金则可以考虑货币市场基金或以债券型基金为主，以求取得比较高的资金变现性和近期收益率。尤其是货币市场基金通常能做到"零认购费率"和"零赎回费率"，这就进一步降低了投资的成本，为投资者提供了更多的短线收益空间及良好的流动性。

第二，明白自己的风险承受能力。每个人会因为年龄、收入、家庭状况的不同，在投资时有不同的倾向。相对来说，年轻人的风险承受能

力会强于老年人，投资时会更多地考虑高收益、高风险的基金。同时，投资者也可以根据自己的实际情况做恰当的组合，不拘泥于一种投资工具，有效地分散投资风险。根据一般的投资建议：能忍受较高风险的投资者可以采用积极的投资组合，组合中可以以较高的比例投资于风险偏高的资产上，如股票型、偏股型基金等；风险承受能力较低的投资者则应在投资组合中加重风险较低、较稳健的资产，如债券、定存或货币型、债券型基金。

第三，要掌握市场景气状况。例如，当市场接近谷底时，利率走低时是投资股票型基金的好时候，而当利率位于高位时则可以选择适当的债券型基金。当然，除经济景气因素外，政策方面的因素也是需要注意的。

第四，深入了解基金公司和基金经理。投资基金是一项长期投资，基金公司是否具有良好的信誉、卓越的操作能力、踏实的经营理念、周全而良好的服务态度都是投资者在选择基金时必须考虑的因素。

总之，要了解自己手中闲置资金可以运用的期限，明白自己的风险承受能力，掌握市场景气状况，深入了解基金公司和基金经理。这样的分析才有意义，才能买到适合自己风险承受能力的基金品种。

四、是买新基金还是买老基金

在国外成熟的基金市场上，新发行的基金必须有自己的特点，否则很难吸引投资者的眼球。但我国不少投资者只购买新发基金，以为只有新发基金是以 1 元面值发行的，是最便宜的。其实这个问题要综合来看。事实上，新基金和老基金的收益率差异和当时的市场环境、基金经理的思路等息息相关。此外，新基金从产品设计的角度来看，往往最贴近阶段性热点、经济发展阶段特征，或者行业、投资主题，因而往往能在短期内领先。但若要求穿越牛熊，则对基金经理的仓位控制、选股能力要求更高。因此，投资者在申购基金之前，要根据市场环境、投资期限等因素进行综合权衡。

从实践角度看，新基金由于刚发行，投资者只能通过其招募说明书、管理团队和基金公司的实力了解其情况，但具体业绩到底如何需要观察。在股市震荡期间，新基金现在还没建仓，按规定有 6 个月的建仓期，这样可以通过拖长建仓期来保护本金，静等市场转好时再进行投资。另外，新基金建仓时都会根据当时的股市环境，采取相应的投资策略。因此，在震荡市时，前景不明朗，新基金在建仓时机、建仓成本等方面优势明显，在这种情况下买入优秀新基金，可以降低风险。而老基金由于已经有过一段时间的运作，透明度比较高，可以更多地了解其之前的投资业绩。另外，老基金由于已经有一定仓位的股票，在大盘上涨时，就可以直接取得收益，因此，在股市大幅上涨阶段，老基金的业绩会超过新基金。由于目前处于牛市，老基金在建能够取得不错的收益，在这种情况下适合买入优秀的老基金。

在基金理财市场上，老基金与新基金各有各的优势，不能单纯地说买哪种基金好。老基金的优势主要是其透明度比较高，而且由于老基金在市场上存在的时间较久，人们可以很容易地看出它们的业绩和能力，也更容易从老基金中找到好的基金。至于新基金的优势则主要体现在建仓时机、建仓成本及操作自由度等方面，而且在大盘走势不明的情况下，新基金由于还没建仓，人们可以获得更多的时间来帮助自己应对股市的变化。但是无论怎样，股市里的老手一直坚持着"牛市买老基，熊市买新基"这一原则。

总之，不管是老基金还是新基金，都有各自的优势与劣势，人们不应盲从于选择新基金或者老基金，而要做到具体问题具体分析，充分考察基金公司的效益、经济实力和它们在同类产业中的竞争力，并结合近几年的发展现状来推测它们未来的发展趋势，使自己在购买基金时做出明智的判断与选择。

五、开放式基金和封闭式基金有何区别

开放式与封闭式是基金的两种不同形式。开放式基金在国外又称共同基金，它和封闭式基金共同构成了基金的两种运作方式。开放式基金是指基金发起人在设立基金时，基金份额总规模不固定，可视投资者的需求，随时向投资者出售基金份额，并可应投资者要求赎回发行在外的基金份额的一种基金运作方式。封闭式基金是指基金的发起人在设立基金时，限定了基金单位的发行总额，筹足总额后，基金即宣告成立，并进行封闭，在一定时期内不再接受新的投资。基金单位的流通采取在证券交易所上市的办法，投资者日后买卖基金单位，都必须通过证券经纪商在二级市场上进行竞价交易。

开放式基金与封闭式基金的主要区别如下：

第一，期限不同。封闭式基金通常有固定的封闭期，封闭期通常在5年以上，一般为10～15年；而开放式基金则没有固定期限，投资者可以随时向基金公司或银行等中介机构申请赎回。

第二，发行规模要求不同。封闭式基金发行规模固定，并且在封闭期限内不能再增加发行新的基金单位；而开放式基金则没有发行规模限制，投资者认购新的基金单位时其基金规模就会增加，赎回基金单位时其基金规模就会减少。

第三，转让方式不同。封闭式基金在封闭期限内，投资者一旦认购了基金单位就不能向基金管理公司申请赎回，只能寻求在证券交易所或其他交易场所挂牌，交易方式类似于股票及债券的买卖，交易价格受市场供求关系影响较大；而开放式基金的投资者则可随时向基金管理公司或银行等中间机构提出认购或赎回申请，买卖方式灵活。

第四，交易价格的主要决定因素不同。封闭式基金的交易价格是随行就市，不完全取决于基金资产净值，受市场供求关系等因素影响较大；而开放式基金的价格则完全取决于每单位资产净值的大小。

总的来说：开放式基金作为一个金融创新品种，能更好地调动投资者的投资热情，而且销售渠道包括银行网络，能够吸引部分新增储蓄资金进入证券市场，改善投资者结构，起到稳定和发展市场的作用；而封闭式基金由于有折价，安全边际会高一些，所以购买封闭式基金风险会小一些。

六、分红次数多的基金一定是最好的基金吗

有的基金为了迎合投资者快速赚钱的心理，封闭期一过，马上分红，这种做法就是把投资者左口袋里的钱掏出来放入右口袋里，没有任何实际意义。与其这样把精力放在迎合投资者上，还不如把精力放在市场研究和基金管理上。投资大师巴菲特管理的基金一般是不分红的，他认为自己的投资能力要在其他投资者之上，钱放到他的手里增值的速度更快。所以，投资者在进行基金选择时一定要看净值增长率，而不是分红多少。

其实，基金分红只是基金收益分配的一种形式，说明基金当期收益率为正，但分红并不增加投资者的实际收益，不能作为判断基金好坏的标准。判断基金好坏的标准应该是净值的增长情况，而分红不过是"把左口袋里的钱放入右口袋里"而已。这里不妨以华商红利优选和中邮战略新兴产业这两只基金为例进行详细阐述。

华商红利优选从成立到现在已经分红了 6 次，每次均以小比例的分红为主，现在的净值为 1.08。在进行多次基金分红后，该基金净值维持在一个较小的水平。而且该基金从 2014 年以来的业绩表现均较稳定，

这也是其可以不断分红的原因。而该基金的不断分红给了投资者一种落袋为安的感觉。但是如果中间没有进行分红，那么投资者所获得的收益可能会更大，可以更多地享受到该基金后期的投资收益。

中邮战略新兴产业从 2012 年 6 月成立以来没有进行过一次分红，现在其净值高达 5.7540。但不可否认的是，自成立以来，其复权单位净值增长率高达 475%，业绩十分惊人。如果此基金中间进行过多次现金分红，那么对于单个投资者来说可能损失较多。

事实说明，基金的好与坏不能用基金的分红多少或不分红等来衡量。因为衡量基金业绩的最大标准是基金净值的增长，而不是基金分红，追求基金投资的长期收益率最大化才是投资者更应该关注的，分红只不过是基金净值增长的兑现而已。投资者应该选择适合自己需求的分红方式，而不要一味地追求分红次数。

七、如何理解投资基金要放长线

基金投资讲究的是放长线钓大鱼，不能像炒股票那样天天关心基金的净值是多少，不能只盯着短期收益看，最忌讳以"追涨杀跌"的短线炒作方式频繁买进卖出，而应采取长期投资的策略。

马拉松的历史来由是身负重伤的快跑能手菲迪皮茨，他之所以能坚持跑完 42.193 千米，主要是因为他胸怀无比光荣而艰巨的使命——将雅典胜利的喜讯送往故乡。对于一般的马拉松跑者而言，想必也没有这么强烈的信念支撑，这时候，长跑技巧就派上用场了。掌握了一定的长跑技巧，才能在耐力与速度之间实现平衡，从而成功抵达终点。资本市场也是如此，投资行为和马拉松长跑一样，是一个长期过程。有必赚的决心固然是好事，但如果对基金投资的技巧一无所知，那也不免要走不少弯路。选基金不能鼠目寸光，只盯着短期收益看。

现实中，很多基民根据排行榜挑选基金。常见的基金排名通常是按照净值大小、收益增长率或者星级排名等方法。基金净值只不过是每份基金拥有的资产而已，不能在任何层面上证明基金的好坏；收益率排名表示一只基金过去为持有人赚了多少钱，但它也仅仅表示历史业绩；即便权威的评级也不是万能的，毕竟以往的业绩无法代表以后的业绩。所以，基金排名尤其是短时间的排名并不是绝对可靠的，要辩证对待。

愿不愿意长期持有某一基金，关键还在于对基金经理有没有信心。其实，买基金买的就是专家理财服务，购买基金本身就是承认专家的理财能力要胜过自己。把个人资金交由专业人士打理，享受专业理财服务带来的投资收益和乐趣。很多人将基金经理比作船长，正是他们掌舵着一艘艘基金巨轮在资本市场的汪洋大海中乘风破浪、沉沉浮浮，而主宰行船命运的除了市场环境等客观因素，关键还在于基金经理的资历、策略、投资原则、对待风险的态度等。从这个角度来说，买基金与其说是在选择一只具有投资潜力的基金产品，不如说是在选择一位有智慧、有经验的基金经理。

【案例展示】巴菲特对于指数基金投资的三个
具体操作建议

巴菲特在 1996 年致股东的信中说："大部分投资者，包括机构投资者和个人投资者，早晚会发现，最好的股票投资方法是购买管理费很低的指数基金。"巴菲特在 2003 年致股东的信中说："对于大多数想要投资股票的人来说，最理想的选择是收费很低的指数基金。"指数涨跌代表股市投资平均业绩水平，可是为什么过去几十年经济持续增长，股市持续大涨，而大多数投资者却连平均业绩水平都达不到呢？巴菲特说："我认为这主要有三个原因：第一，交易成本太高，投资者买入卖出过于频繁，或者在投资管理上费用支出过大；第二，进行投资组合管理决策是根据小道消息和市场潮流，而不是根据深思熟虑并且量化分析的公司评估；第三，盲目跟随市场追涨杀跌，在错误的时间进入或退出股市，比如在已经上涨相当长时间后进入股市，或者在盘整或下跌相当长时间后退出股市。"

对于指数基金投资，巴菲特有三个具体操作建议。

第一，选择成本更低的指数基金。与那些由基金经理主动选股构建投资组合的共同基金不同，指数基金被动追踪股票指数，基本上投资于大部分甚至所有股票，目标是实现相当于市场平均水平的收益率，不用研究选股，因此管理成本明显低于那些主动型共同基金。指数基金的管理费越低，成本优势越大，净收益率越高。巴菲特说："我个人认为，如果基金投资者的投资每年要被管理费等吃掉2%，那么你的投资收益率要赶上或者超过指数型基金将会十分困难。中小投资者安静地坐下来，通过持有指数基金轻松进行投资，时间过得越久，自然积累的财富会越来越多。"

第二，定期投资指数基金。2007年5月7日，巴菲特接受CNBC电视采访时建议投资者定期投资指数基金："我认为，个人投资者的最佳选择就是买入一只低成本的指数基金，并在一段时间里保持持续定期买入。因为这样你将会买入一个非常好的投资品种，事实上你买入一只指数基金就相当于同时买入了美国所有的行业。如果你坚持长期持续定期买入指数基金，那么你可能不会买在最低点，但你同样也不会买在最高点。"巴菲特在1993年致股东的信中说："如果投资者对任何行业和企业都一无所知，但对美国整体经济前景很有信心，愿意长期投资，那么在这种情况下这类投资者应该进行广泛的分散投资。这类投资者应该分散持有大量不同行业的公司股份，并且分期分批购买。例如，通过定期投资指数基金，一个什么都不懂的业余投资者往往能够战胜大部分投资专家。一个非常奇怪的现象是，当'愚笨'的金钱了解到自己的缺陷之后，就再也不愚笨了。"

第三，长期投资指数基金。很多人喜欢波段操作，而巴菲特建议长期投资。大量研究表明，个人投资者在把握股市波动时机方面的历史记录很差，因为他们过于热衷跟踪股价最新涨跌，结果反而更容易在错误的时机进出，经常是高买低卖。如果你一定要选择买卖指数基金的时机，巴菲特在 2004 年致股东的信中给出了建议："投资者必须谨记，过于兴奋与过高成本是他们的敌人。而如果投资者一定要把握进出股市的时机，那么我的忠告是：当别人贪婪时恐惧，当别人恐惧时贪婪。"这需要准确的判断和坚强的意志，大多数业余投资者甚至投资专家都难以做到，因此，更简单、更轻松的办法是长期投资。

第五章
国债投资：让中产阶级资产稳定增值的渠道

国债被称为"金边债券"，其显著优势是具备安全性，理论风险为零，投资者根本不用担心违约问题。同时，国债的收益率比同期储蓄利率高，且不缴纳利息税。但并不是说投资国债没有风险，投资者也应注意国债的种类及其流动性、发行方式、交易规则等，然后再决定是否买进、卖出以及确定投资额度。

一、国债有三种，该选哪一种

国债又称国家公债，是国家以其信用为基础，按照债券的一般原则，通过向社会筹集资金所形成的债权债务关系。国债有无记名式国债、凭证式国债、记账式国债。究竟该选择哪一种？相信通过下面的分析比较，你完全可以做出决定。

无记名式国债是一种票面上不记载债权人姓名或单位名称的债券，通常以实物券形式出现，又称实物券或国库券。实物债券是一种具有标准格式实物券面的债券。在我国现阶段的国债种类中，无记名式国债就属于这种实物债券，它以实物券的形式记录债权、面值等，不记名、不挂失，可上市流通。我国从新中国成立起，且在 20 世纪 50 年代发行的国债和从 1981 年起发行的国债主要是无记名式国债。

无记名式国债的一般特点是：不记名、不挂失，可上市流通。由于不记名、不挂失，其持有的安全性不如凭证式和记账式国债，但购买手续简便。同时，由于可上市转让，流通性较强。上市转让价格随二级市场的供求状况而定，当市场因素发生变动时，其价格会产生较大波动，因此具有获取较大利润的机会，同时也伴随着一定的风险。一般来说，无记名式国债更适合金融机构和投资意识较强的购买者。

凭证式国债是我们最熟悉的券种,它是指国家采取不印刷实物券,而用填制"国库券收款凭证"的方式发行的国债。我国从 1994 年开始发行凭证式国债。凭证式国债具有类似储蓄又优于储蓄的特点,通常被称为"储蓄式国债",是以储蓄为目的的个人投资者理想的投资方式。

凭证式国债有纸质凭证,让投资者感到安心。投资期限一般为中短期,投资期内利率固定,可能名义利率低于同档次储蓄存款利率,但由于不扣利息税,所以实际收益率比同档次储蓄要高。可提前兑付,分档次计息。与储蓄相比,凭证式国债的主要特点是安全、方便、收益率适中。具体来说如表 5 - 1 所示。

表 5 - 1　　　　　　　　　　　凭证式国债的主要特点

序号	内　容
1	凭证式国债发售网点多,购买和兑取方便,手续简便
2	可以记名挂失,持有的安全性较好
3	利率比银行同期存款利率高1~2个百分点(但低于无记名式和记账式国债),提前兑取时按持有时间采取累进利率计息
4	凭证式国债虽不能上市交易,但可提前兑取,变现灵活,地点就近,投资者如遇特殊需要,则可以随时到原购买点兑取现金
5	利息风险小,提前兑取按持有期限长短、取相应档次利率计息,各档次利率均高于或等于银行同期存款利率,没有定期储蓄存款提前支取只能活期计息的风险

续表 5 - 1

序号	内　容
6	没有市场风险，不能上市，提前兑取时的价格（本金和利息）不随市场利率的变动而变动，可以避免市场价格风险

从这些特点中可以看出，购买凭证式国债不失为一种既安全、又灵活、收益率适中的理想的投资方式，是集国债和储蓄的优点于一体的投资品种。凭证式国债可就近到银行各储蓄网点购买。

记账式国债是指没有实物形态的票券，而是在电脑账户中进行记录。记账式国债至今仍是老百姓比较陌生的券种，它以电子形式记录债券，期限一般较长，但比较灵活，投资者可一直持有到期获得到期收益，也可中途买卖通过价差获利。不过，也可能损失利息甚至本金。

在我国，上海证券交易所和深圳证券交易所已为证券投资者建立电脑证券账户，因此，可以利用证券交易所的系统来发行债券。我国近年来通过沪、深交易所的交易系统发行和交易的记账式国债就是这方面的实例。如果投资者进行记账式债券的买卖，就必须在证券交易所设立账户。所以，记账式国债又称无纸化国债。记账式国债具有成本低、收益好、安全性好、流通性强的特点。

无记名式、凭证式和记账式三种国债相比，各有其特点。在收益性上，无记名式和记账式国债要略好于凭证式国债，通常无记名式和记账式国债的票面利率要略高于相同期限的凭证式国债。在安全性上，凭证式国债略好于无记名式国债和记账式国债，后两者中记账式国债又略好些。在流动性上，记账式国债略好于无记名式国债，无记名式国债又略好于凭证式国债。

值得一提的是，投资国债，除了上述无记名式国债、凭证式国债、记账式国债，还可以选择其他券种。比如电子储蓄国债，这是一种新型国债，是只向个人投资者发售的券种。投资期限基本为中长期，能给老百姓的长期资金提供一条新出路，品种较多，既有固定利率的，也有浮动利率的。所谓储蓄国债，是政府面向个人投资者发行、以吸收个人储蓄资金为目的、满足长期储蓄性投资需求的不可流通记名国债品种。电子储蓄国债就是以电子方式记录债权的储蓄国债品种。与传统的储蓄国债相比，电子储蓄国债的品种更丰富、购买更便捷、利率也更灵活。由于其不可交易性，决定了任何时候都不会有资本利得。这一点与现有的凭证式国债相同，主要是鼓励投资者持有到期。

二、国债发行时如何购买

要在国债发行的时候购买，就要先搞清楚国债是怎样发行的。一般而言，国债发行主要有 4 种方式，如表 5－2 所示。

表 5－2　　　　　　　　　　　　　　国债发行方式

事　项	内　容
固定收益出售法	即在金融市场上按预先约定的发行条件发行国债的方式，具有认购期限短、改造条件固定、改造机构不限和主要适用于可转让的中长期债券四个特点
公募拍卖方式	公募拍卖方式也称竞价投标方式，在金融市场上公开招标发行，主要适用于中短期政府债券，特别是国库券发行的国债。发行方式是公募法。公募拍卖方式有三个特点：一是发行条件通过投标决定；二是以财政部门或中央银行为发行机构；三是主要适用于中短期政府债券，特别是国库券

续表 5 – 2

事　项	内　容
连续经销方式	连续经销方式也称出卖发行法，指发行机构受托在金融市场上设专门柜台经销的一种较为灵活的发行方式。其特点是：经销期限不定，发行条件不定，主要通过金融机构、中央银行、证券经纪人经销，适用于不可转让债券，特别是储蓄债券
承受发行法	承受发行法又叫直接推销方式，是一种由财政部门直接与认购者举行一对一谈判出售国债的发行方式。其适用于金融市场利率较稳定国家的国债发行。这种方式有四个特点：一是发行机构只限于财政部门；二是认购者主要限于机构投资者；三是发行条件通过直接谈判确定；四是主要适用于某些特殊类型的政府债券的推销

国债是通过证券经营机构间接发行的，投资者如要购买，则需要到证券经营机构去办理。其购买的方式因国债种类的不同而不同，其中记账式国债的购买手续较为复杂，而无记名式和凭证式国债相对来说购买方式会简便一些。

无记名式国债主要是以各种机构投资者和个人投资者为主要购买对象的，此种国债的购买方式最为简单。无记名式国债的面值一般情况下分为 100 元、500 元、1000 元等。

记账式国债主要是通过交易所的交易系统以记账方式办理发行的。投资者在购买此种债券时必须在交易所开立证券账户或者国债的专用账户，而且还需要委托证券经营机构代理进行。正因如此，投资者必须持有证券交易所的证券账户，并且在证券经营机构开立资金账户才可以购买记账式国债。

凭证式国债的发行主要面向个人，其发售和兑付需要通过各大银行的储蓄网点、邮政储蓄部门的网点及财政部门的国债服务部进行办理。其网点遍布全国城乡，能够最大限度地满足群众购买及兑取的需要。投资者购买凭证式国债可在发行期内持款到各网点填单交款，办理购买事宜。由发行点填制凭证式国债收款凭单，其内容包括购买日期、购买人姓名、购买券种、购买金额、身份证号码等，填完后交购买者收妥。

三、如何看国债交易行情

实行国债净价交易后的第一天，国债行情显示将会出现一定的变化。目前，在国债全价交易方式下，行情显示的揭示价均为全价价格（净价＋应计利息额）。但是，在实行国债净价交易后，行情显示的揭示价均为净价价格。因此，实行国债净价交易后的第一天，行情显示会发生较大变化，各国债品种均会在 K 线图上出现向下的跳空缺口，请投资者注意。

举例来说，"21 国债（7）"是 20 年期、年利率为 4.26%、半年付息记账式品种，从 2002 年 1 月 31 日起开始第二个半年期交易。如果该品种在 3 月 22 日的收盘价是 109.20 元，那么实行净价交易后，应将此收盘价转换成净价交易的收盘价作为 3 月 25 日开始实行净价交易的"前收盘价"。如果该品种在 3 月 22 日的应计利息额为 0.59523287 元（根据国债净价交易技术方案，应计利息额的计算保留小数点后 8 位，根据四舍五入原则，实际显示保留到小数点后 2 位）。因此，该品种 3 月 22 日净价交易的收盘价为：3 月 22 日的收盘价－当日到期的应计利息额。所以，该品种 3 月 25 日开始实行净价交易的前收盘价为

108.60 元。

此外，实行国债净价交易后，由于国债成交价格不再含有国债的应计利息，因此，在交易中得到的成交价与办理交割时实际得到的金额会有一定差异，其实这一差异就是由应计利息额产生的，投资者不必担心应计利息额在结算时能否得到。而且实行国债净价交易后，根据有关规定，在国债发行期间买入的国债不计应计利息和其他费用，投资者按国债发行价买入国债的价格就是结算价。

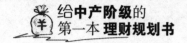

四、债券的交易程序是怎样的

场内交易也叫交易所交易，证券交易所是市场的核心，在证券交易所内部，其交易程序都要经证券交易所立法规定，其具体步骤明确而严格。债券的交易程序有 5 个步骤：开户、委托、成交、清算和交割、过户。

第一步，开户。债券投资者要进入证券交易所参与债券交易，首先必须选择一家可靠的证券公司，并在该公司办理开户手续，如表 5-3 所示。

表 5-3 债券交易流程之开户阶段的节点

事　项	内　容
订立开户合同	开户合同应包括如下事项：委托人的真实姓名、住址、年龄、职业、身份证号码等；委托人与证券公司之间的权利和义务，并同时认可证券交易所营业细则和相关规定以及经纪商公会的规章作为开户合同的有效组成部分；确立开户合同的有效期限，以及延长合同期限的条件和程序

续表 5 – 3

事　项	内　容
开立账户	在投资者与证券公司订立开户合同后，就可以开立账户，为自己从事债券交易做准备。在我国，上海证券交易所允许开立的账户有现金账户和证券账户。现金账户只能用来买进债券并通过该账户支付买进债券的价款；而证券账户只能用来交割债券。因为投资者既要进行债券的买进业务，又要进行债券的卖出业务，故一般都要同时开立现金账户和证券账户。上海证券交易所规定，投资者开立的现金账户，其中的资金要首先交存证券商，或者证券商指定的银行，其利息收入将自动转入该账户；投资者开立的证券账户，则由证券商免费代为保管

第二步，委托。投资者在证券公司开立账户以后，要想真正上市交易，还必须与证券公司办理证券交易委托关系，这是债券交易的必经程序，如表 5 – 4 所示。

表 5 – 4　　　　　　　　**债券交易流程之委托阶段的节点**

事　项	内　容
委托关系的确立	投资者与证券公司之间委托关系的确立，其核心程序就是投资者向证券公司发出"委托"。证券公司接到委托后，就会按照投资者的委托指令，及时传输到交易所
委托方式	委托方式分为买进委托和卖出委托两类，包括当日委托、限价委托、撤销委托和整数委托

第三步，成交。证券公司在接到投资者的有效委托后，通过卫星直接传至交易所主机进行撮合成交，如表 5 – 5 所示。

表 5 - 5   债券交易流程之成交阶段的节点

事 项	内 容
债券成交 的原则	在证券交易所内，债券成交就是要使买卖双方在价格和数量上达成一致。这一程序必须遵循特殊的原则，又叫竞价规则。这种竞价规则的主要内容是"三先"，即价格优先、时间优先、客户委托优先。价格优先就是证券公司按照交易最有利于投资委托人的利益的价格买进或卖出债券；时间优先就是要求在相同的价格申报时，应该与最早提出该价格的一方成交；客户委托优先主要是要求证券公司在自营买卖和代理买卖之间首先进行代理买卖
竞价方式	证券交易所的交易价格按竞价的方式进行。竞价方式为计算机终端申报竞价

第四步，清算和交割。债券交易成交以后就必须进行券款的交付，这就是债券的清算和交割，如表 5 - 6 所示。

表 5 - 6   债券交易流程之清算和交割阶段的节点

事 项	内 容
债券清算	债券清算是指在同一交割日对同一种债券的买和卖相互抵消，确定出应当交割的债券数量和价款数额，然后按照"净额交收"原则办理债券和价款的交割
债券交割	债券交割就是将债券由卖方交给买方，将价款由买方交给卖方。在证券交易所交易的债券，按照交割日期的不同，可分为当日交割、普通日交割和约定日交割三种。目前，沪、深证券交易所的规定为当日交割。当日交割是指在买卖成交当天办理券款交割手续

第五步，过户。债券成交并办理了交割手续后，最后一道程序是完成债券的过户。过户是指将债券的所有权从一个所有者名下转移到另一个所有者名下。其基本程序如表 5 – 7 所示。

表 5 – 7 　　　　　　　　　**债券交易流程之过户阶段的节点**

事　项	内　容
卖出方	债券卖出方在完成清算和交割后，在其现金账户上增加与该笔交易价款相等的金额，在其证券账户上扣减相同数量的该种债券
买入方	债券买入方在完成清算和交割后，在其现金账户上减少价款，同时在其证券账户上增加债券的数量

【案例展示】 资深人士见证中国债券市场的发展壮大

　　中国债券市场从 2002 年起步，10 年间就发展到 2026 万亿元的规模，堪称中国债券市场 10 年大革命。业内资深人士华志坚（化名）在这 10 年间见证了中国债券市场的发展壮大。"债券市场从小到大，从限制很多到逐步放开，市场做起来了。政府信用主导市场的本质还没有改变，中国债券市场需要进一步放松管制，加大创新。"华志坚如是说。

　　华志坚经历了中国债券市场的大爆发。在他看来，中国的信用市场大体经历了如下阶段：第一阶段，信用品种主要是企业债，发行量少，交易冷清；第二阶段，短融、中期票据出现，发行人依然较为优良，市场交易逐渐活跃；第三阶段，从 2009 年起，债券市场大扩容，品种增加，发行人资质下移，并且发行方式越来越私募化。"这实际上是中国经济的一个债务化过程，社会融资结构慢慢从贷款转向债券，从间接融资转向直接融资。"华志坚如此评价说，"凭单个部门的力量，央行推动了我国社会融资结构的转换，搭建了利率市场化框架，殊为不易。"

　　华志坚非常看好中小企业私募债的发展前景。对于这一品种目前的发展处于停滞状态，华志坚说："这时候如果都等着别人来解决问题，那么这个品种可能就死了，应该是主承销商加把劲，我们买方也加把劲，这样才有希望。"

第六章
保险投资：中产阶级新世纪投资理财的一件大事

　　对于日益壮大的中国中产阶级来说，不仅注重银行理财、基金投资、国债投资，也注重保险投资。这是因为保险的作用主要体现在风险保障（如重疾与意外保障）、财富积累与规划（如养老规划），乃至投资理财上。保险投资是收入相对丰厚的中产阶级新世纪投资理财的一件大事。

一、中产阶级买保险，如同足球场有"守门员"

中国的中产阶级日益壮大，他们有股票、有基金、有房产，但是许多人对保险的认知存在误区。比如："我有足够的钱养老，没必要买保险，与其把钱放在保险公司，还不如去投资！""我有能力应付生活中可能发生的一切财务困难，不需要保险。"

对于收入相对丰厚的中产阶级来说，保险的作用主要体现在风险保障（如重疾与意外保障）、财富积累与规划（如养老规划），乃至投资理财上。举例而言，在众多的理财产品中，外汇、股票是"前锋"，冲锋在前，最有可能得分，同时受伤（亏损）的可能性也最大；房产、债券、银行存款是"后卫"，作用在于降低风险；而养老险是"守门员"，能够真正做到专款专用，"球门不失"。球场上不能只有前锋没有后卫，更不能没有守门员。

买保险是家庭责任的体现方式之一。保险的基本功能之一就是财富保障，透过保险来实现自己的责任，对父母"谈情"，对配偶与孩子"说爱"，并切实保证给自己与家人一个有尊严的人生。对很多人来说，当灾难发生在别人身上时，也许只是一则新闻；而当灾难真的发生在自己或家人身上时，却会给自己与家人带来重大的直接影响。在日常工作与生活中，各种意外与疾病风险无处不在。作为一个对自己、对家庭负责任的社会人，要学会未雨绸缪，除了养成健康的生活习惯、掌握一定的自救常识，在灾难与疾病发生之前购买足额的人寿与健康保险，健全个人与家庭保障计划，在保障自身的同时理应尽一份爱心与孝心。

人生不同的阶段，就会有不一样的责任，就需要准备不一样的保单。比如：踏入社会开始工作时就要准备一份意外险；30 岁左右除了一份重大疾病保险，还需要开始购买养老保险，筹备自己的养老钱；结婚、生孩子要给孩子购买教育金与意外保障等。不同的阶段有不同的需求，具体内容因人生的不同阶段而异。

二、投资型保险的类型及购买注意事项

投资型保险属于创新型的人寿保险，是西方国家为防止经济波动或通货膨胀对长期寿险造成损失而设计的。之后随着演变和完善，逐渐成为客户和保险公司风险共担、收益共享的一种金融投资工具。

投资型保险主要分为三种类型，如表6-1所示。

表6-1 　　　　　　　　　投资型保险的主要类型及购买注意事项

事项	内容	购买注意事项
分红险	即保险公司在每个会计年度结束后，将上一会计年度该类分红保险的可分配盈余，按一定的比例，以现金红利或增值红利的方式分配给客户。它是集风险保障、储蓄和投资三种功能于一身的人寿保险产品	注意：销售人员在销售过程中的演示红利并非保证红利。实际红利水平是由公司的实际经营状况确定的。仔细阅读分红保险产品说明书，充分了解该产品的性质、特征、保险公司对产品的费用率、红利及红利分配方式、保单持有人承担的风险、退保问题的规定等。客户购买分红保险后，应尽可能避免退保，否则将发生比不分红保险退保更大的损失

续表 6 – 1

事项	内容	购买注意事项
万能险	保险公司将客户缴纳的保费在扣除管理费等收费成本后，将剩余资金分为两部分：一部分用于保险保障，另一部分进入投资账户。当被保险人身故的时候，受益人将得到"保险金+投资收益（现金价值）"。所谓"万能"，主要表现在投保人可以按自己的意愿随时增加或减少保险费和保险保障额度	此类保险是包含保险保障功能并至少在一个投资账户拥有一定资产价值的综合人寿保险产品。投保人应全面了解万能险的保证利率（保底利率）、费用扣除情况、风险保费扣除情况、死亡保险金和保单价值等的变动情况。投保人在购买万能险以后，还应注意自己的保单状况，及时缴纳保费，避免因保单现金价值不足而影响合同的效力。万能险投保金额超过一定额度，拥有追加保费功能，可以在追加足够多的保费后，连续几年不再缴费，甚至终身不再缴费
投资连结险	即把保险连接到投资账户，一部分保费投资于风险保障费用，另一部分保费投资于投资账户，基本规则与万能险类似。但投连险在投资账户中会分为若干个不同风险类型的账户。投资中会涉及风险较高的基金类产品，比如股票型基金、债券型基金。因此，投连险的投资收益是不确定的，风险等级较高，适合中产阶级以上及具有较强风险承受能力的人群	此类产品不承诺投资回报，所有投资收益和损失由客户承担，适用于追求资产高收益同时又具有较高风险承担能力的投保人。开办投资连结保险的保险公司至少每月一次在公众媒体上公告投资账户的单位价值。投保人可注意阅读，掌握投资单位价值的变动情况。重点了解该类产品投资收益与投资账户的关系、投资账户的情况、对投资账户收取的各项费用的情况、投资账户面临的主要风险、投保人退保时保险公司要扣除的费用和投保人可退还份额等事项

投资型保险与传统保险相比，增加了投资账户这样的渠道，使投保

人在获得保障的同时也可以获得收益。二者在保费缴纳方式、保险金额、资产管理等方面的差异如表6-2所示。

表6-2 投资型保险与传统保险的比较

比较项目	传统保险	投资型保险
保费缴纳方式	定期、定额	可以不定期、不定额
保险金额	固定	不固定
投资资产之管理	一般账户	一般账户及分离账户
现金价值	有保证	通常没有保证
投资方式	无法自行选择投资标的	对投资标的自行选择投资组合
投资风险	保险公司承担投资风险	保户自行承担投资风险
费用透明度	较不透明	较透明

投资型保险的红利和收益率是不确定的，因此，购买投资型保险要了解其风险和特点。

三、如何理解投资型保险的收益

在中国保监会 2001 年 9 月 22 日发布的 31 号公告中，曾经这样概述投资型保险：人身保险新型产品的基本作用是保险保障，即被保险人发生死亡、伤残或达到约定的年龄时，保险公司按合同约定支付保险金。同传统寿险一样，人身保险新型产品具有一定的储蓄性；但与传统寿险不同的是，投保人获得的回报具有不确定性。投资连结险回报的不确定性最大，保险公司收取保险费、扣除风险成本和管理费用后，余额按投保人的意愿投资，投保人承担收益波动的风险，但有可能得到较高的回报。万能险和分红险的回报率有保证成分。比如，万能险明确告知投保人最低保证的结算利率，分红险通过确定双方保险利益方式保证最低回报，二者的共同点是如果保险公司的经营成果高于最低保证，则投保人分享盈余，从而获得更多的回报。

投资型保险产品将资金分为两部分：保险保障和投资单位。即一份是保险保障，一份是储蓄投资。所以，这里面的投资是在做好保障的前提下用投资账户进行投资，而非全部投入的保险金。我们可以这样理解，保险的本质是保障功能，保险投资结果是副产品，是为保险保障而服务的，同时也起到了维护保险费时间价值的功效。投资型保险最适合那些既想有保险又想获得储蓄投资收益的投保人。

　　总之，只要做好风险管理，清晰投资账户规则，那么在保险产品的选择中，你一定会做出准确的判断。

四、中产阶级买保险的顺序：意外险、健康险、理财险

中产阶级收入稳定、薪金丰厚，但一旦遭受意外或疾病，家庭生活水平将急剧下降。不少中产阶级家庭计划投保适合的保险来转嫁可能的风险。中产阶级买保险需遵守一定的顺序：先是意外险，再是健康险，最后是理财险。

第一步，加强意外保险保障

意外风险发生的概率较大，中产阶级应当优先完善意外保险保障。在设置意外险保额时，成年人和孩子有所不同。成年人是中产阶级家庭的经济支柱，保额应当适当提高。建议以被保人 5 ~ 7 年 80% 的收入总和为宜，因为一旦被保人在意外中失去了维持原来生活的能力，这一保额是相当实用的。而为孩子设置意外险保额时不要超限，5 万元 ~ 10 万元即可，因为超过的部分即便付了保费也无效。这是中国保监会为防范道德风险所做的硬性规定。中产阶级自驾车概率大，建议投保专门的自驾车意外险，最好能包含驾驶员意外伤害保障。

第二步，巩固健康保险保障

中产阶级看似无限风光，但其实工作压力极大，加班熬夜是常有的事。因此，建议在意外保险保障完善后，加强健康保险保障。中产阶级购买健康险，应当优先考虑家庭经济支柱。中产阶级家庭经济支柱大多数已经办理了社会保险，不妨着重加强重疾健康保险保障。目前重大疾病的治疗费用平均为 10 万元左右，因此，中产阶级家庭经济支柱的保额应当以 10 万元~20 万元为宜，但最好不要低于 10 万元。在成年人的健康保险保障做足后，可为孩子挑选一份健康险。建议购买消费型一年期产品，以较低的保费支出获得意外和重疾的双重基础呵护。

第三步，理财保险积累积蓄

如果家人的意外和健康保险保障已经完善，且家庭积蓄较多，那么中产阶级家庭可以考虑购买一份适合的理财险。根据理财的目的可以划分为理财型教育金保险和理财型养老保险。可在孩子年幼时为其购买一份理财型教育金保险，提前储备未来的教育资金。在购买此类保险时，需关注保费豁免功能。这样一来，当父母因某些原因无力继续缴纳保费时，对孩子的保障也继续有效。如果你和爱人的年龄没有超过 40 周岁，则可以投保一份理财型养老保险。此类保险的缴费方式、领取时间、领取方式都是可以自由选择的，无论你怎样领取、何时领取，都要保证最少领取 20 年或至 85 岁。

综上可以看出，中产阶级购买保险需遵守一定的顺序：优先完善意外保险保障；其次加强健康保险保障；最后再投保一份适合的理财险，为孩子积累未来教育费用或者为未来养老储备资金。

五、保险投资应该遵循的原则

随着资本主义经济的发展、金融工具的多样化，以及保险业竞争的加剧，保险投资面临的风险性、收益性也同时提高，投资方式的选择范围更加广阔。1948 年，英国精算师佩格勒修正贝利的观点，提出寿险投资的四大原则：获得最高预期收益；投资应尽量分散；投资结构多样化；投资应将经济效益和社会效益并重。理论界一般认为保险投资有三大原则：安全性；收益性；流动性。

保险投资原则之一：安全性

保险企业可运用的资金，除资本金外，主要是各种保险准备金，它们是资产负债表上的负债项目，是保险信用的承担者。因此，保险投资应以安全为第一条件。安全性，意味着资金能如期收回，利润或利息能如数收回。为保证资金运用的安全，必须选择安全性较高的项目。为减少风险，要分散投资。

保险投资原则之二：收益性

保险投资的目的是提高自身的经济效益，使投资收入成为保险企业收入的重要来源，增强赔付能力，降低费率，扩大业务。但在投资中，收益与风险是同增的，收益率越高，风险也越大。这就要求保险投资把风险限制在一定程度内，实现收益最大化在20%左右加上公司年复利分红。

保险投资原则之三：流动性

保险资金用于赔偿给付，受偶然规律支配。因此，要求保险投资在不损失价值的前提下能把资产立即变为现金，支付赔款或给付保险金。保险投资要设计多种方式，寻求多种渠道，按适当比例投资，从量的方面加以限制。要根据不同险种的特点选择方向。如人寿保险一般是长期合同，保险金额给付也较固定，对流动性的要求可低一些。国外人寿保险资金投资的相当部分是长期的不动产抵押贷款。财产险和责任险一般是短期的，理赔迅速，赔付率变动大，应特别强调流动性原则。国外财产险和责任险资金投资的相当部分是商业票据、短期债券等。

在我国，保险公司的资金运用必须稳健，遵循安全性原则，并保证资产的保值增值。

【案例展示】一个中产阶级三口之家的保单分析

保险作为任何家庭理财的基础和杠杆，其功能也越来越受到中产阶级家庭的重视。这里对中产阶级李先生这个三口之家的保单进行分析，旨在强调投资者要在做好保障的前提下再制定投资规划。

李先生 34 岁，任房地产公司的策划经理，年薪 30 万元左右。李太太 34 岁，广告公司文案策划，年薪 13 万元左右。儿子 8 岁，读小学一年级。

李先生是一家之主，保障额度以责任为先。李先生的保单内容较为齐全：作为家庭经济支柱的李先生有 5 份保单，最早于 27 岁那年，也就是在儿子出生后开始购买，体现了保障是随着人生的不同阶段，特别是随着责任增大而增大的特点。5 份保单的保障内容分别涵盖了重大疾病、住院医疗、意外伤害险、意外医疗、定期寿险及终身寿险等。其中部分重大疾病额度与寿险额度合并，具有提前给付的功能，也就是说，如果发生约定的重大疾病，则部分金额可提前赔付，已经给付的部分金额会从寿险金额中相应扣除。

保单结构以消费险为主，优点是保额较大，缺点是终身保障较少，大部分消费险只能保到 65 岁，着重解决走得太早、保险金给家人的问题。从保单结构中可以看到，住院及意外医疗的种类有多次重复，在有充足社保的情况下，显然准备过多，建议适当减少。与此同时，随着收入的提高，可适当增加终身寿险或终身重疾保障，也可选择投资连结险作为长期投资。

李太太有 6 份保单，保费超过 1 万元，相较于其年收入，保费可能过高。其因疾病身故或全残保额为 78 万元，因意外身故或全残保额最高为 118 万元，因重大疾病保额最高为 60 万元，可看出其对重疾的关注。而且保障内容较全，有定期及终身寿险、意外身故及医疗险、住院津贴保障，储蓄型保险的比例也较李先生高。李太太并非家庭经济支柱，所以用寿险解决家庭责任的意义不大，最应担心的还是疾病对家庭财务的影响。由于大部分女性的投资心态都相对保守，所以可以考虑增加养老年金保险，及早为退休生活做准备。

许多父母首先会谈到教育金的准备，其实医疗与重大疾病的保障也相当重要。李先生和李太太的观点比较科学，在孩子 1 岁保费最便宜时购买医疗保险，在孩子抵抗力较弱的情况下，如果发生一些疾病或意外受伤的情况，则可以分散由此带来的家庭财务风险。

孩子作为纯消费者，其保障额度太高也没有必要。而孩子的教育则是长线的刚性需求，可以考虑用保险的方式解决基本的部分。但从保单来看，每年 5000 元的学费并不能满足 10 年后的学费需求。为了增加教育金的投入，不妨用万能险或者投资连结险进行长线投资，作为额外补充。由于万能险和投资连结险可以根据家庭收入的调整而降低或者追加投入，即使某 1 年度没有投入也不至于让保单失效，对同时需要顾及多个理财目标的年轻家庭来说，可减少流动资金不足所带来的压力。保单体检很多时候成为销售人员推销自身保险产品的借口和理由。事实上，其目的在于根据不断变化的家庭情况，调整各类险种保额。投保人尤其要注意根据家庭状况及时更换自身的联系地址、银行账号、受益人等。

第七章
股市投资：新中产阶级投资的重要
渠道

    作为盈利性极高的股票投资，中产阶级家庭自然不会放过，对于一部分年轻且希望资产快速升值的新中产阶级而言，股市仍然是他们投资的主要渠道。与其他理财产品相比，股票拥有极高的回报率，当然相应的风险也高于众多理财产品。不过，如果在股票投资上拥有较好的心态，掌握基本的方法，研究短线、中线、长线投资并选择合适的投资方式，风险远没有想象的大。对于中产阶级家庭来说，在拥有一定资金量的情况下，克制追高，保持平常心，不被过高的利润所诱导，就能最大限度地降低投资风险。

一、股票投资的五种正确思维方式

股票投资市场风云诡异，有的人在市场中没能获得好的结果，而那些成功者往往都是因为自己独特的视角和思维方式。思维方式决定了投资者的差别。以下几个论点，每一个都可以单独写成一篇。但是为了节约大家的"看盘"时间，这里择要述之。

股票投资正确思维方式之一：拐点思维

拐点思维的意思是说，当一个东西的趋势发生改变的那一刻，投资的价值往往是最大的。这个东西可以是利率、汇率、农产品、大宗商品、股票指数、行业景气周期、经济增长周期；可以是见顶，也可以是见底。以上每项都有很多小项，而且每个国家和地区都不一样，所以你每年都会遇到许许多多的拐点。

遇到了拐点，就要找到合适的投资标的。不是每个拐点都能找到合适的投资标的。投资标的可以是个股、ETF、期货，也可以是你的竞争对手、供应商或者客户。找到以后，你一定要深入了解你买的东西是什么、弹性有多大、风险有多大。另外，不是每个东西的价格大跌以后就一定会大涨，大涨以后就一定会大跌。你要了解这个东西的技术变化、最新趋势。比如石油，页岩油技术的出现会大大增加供应量，因而其5年内的价格很难再涨到100美元。

拐点思维需要问自己两个问题：第一，我买的是什么？第二，真的能弹起来或跌下去吗？这些是要花点时间做功课的。

在操作中有些人喜欢等拐点确立了以后再买，有些人想分批建仓，有些人想提前建仓。这几种方法各有优劣，要结合你买的品种去看。通常来说，如果你很有把握，那么选择一个低风险的投资品种提前建仓、左侧抄底也不错，因为一旦押对，利润率是最高的，而且正因为还没进入拐点，安全边际也是最高的。

股票投资正确思维方式之二：数学期望值思维

数学期望值的定义就是把各种成败可能性的概率乘以收益率或亏损率，做成一个加权平均的总的收益率。觉得加权收益率高就买，觉得低就不买。当然，如果亏损的后果很严重，那么，哪怕失败的概率很小，最好也不要全仓买入。

如果数学期望值告诉你应该买，而且仓位又不高，但是你却计较一城一地的得失，无法容忍结果的不确定性，那只能说明你还不适合做金融。其实我们投资的任何一样东西，买的都是其数学期望值，没有什么东西是100%获利的。

股票投资正确思维方式之三：长、中、短结合的思维预测方式

一般来说，预测两周以内的跟预测两年以后的，投入产出比都不是最高的。预测未来半年到1年的趋势最适宜。短期预测更多地关注技术

层面，长期预测更多地关注经济学层面，而中期预测就是看价格的走势。

有一篇名为《新一轮牛市的简明路线图》的文章中提及："我们先要破除一个错误的常识。绝大多数人认为，经济好了股市就好，经济差了股市就差，其实宏观经济和股市的关系小得几乎可以忽略。决定股市能否走牛的关键是：市面上有多少钱，以及这些钱愿不愿意进股市。炒房能赚钱，放高利贷能赚钱，何必来炒股？只有房子和高利贷这些吸金黑洞没人去玩了，股市才能牛，此时股市就变成了下一个吸金黑洞。"这个结论是对的，不光结论对了，而且逻辑也对了。

真正有用的逻辑不一定是书上教给你的逻辑，如果说书本是老师，那么实践就是书本之父母。投资专家在这里的建议是：以中期预测为主，以短期和长期预测为辅。如果能够长短兼顾，保持一定的流动性以备不测，那么投资收益一定会比较好。

股票投资正确思维方式之四：独立思考，参考他人

独立思考的成果是最有价值的，因为别人不如你了解得透彻，不敢多买；而且知道这个机会的人也少，没人跟你抢。就算你这次的独立思考错了，也是有价值的，至少你会感到后悔，会反思，会督促自己不断填补知识空白，下次就会有进步；只要你进步了，下次就还有机会。如果你总是人云亦云，不独立思考背后真正的规律，那你永远也不会进步。但是，参考他人的观点也很重要。有些人之所以能够进步，就是因为听取了别人的意见或建议。

股票投资正确思维方式之五：好的投资机会是比出来的

可以拿一个投资项目的年化"预期收益率"跟你所选项目的年化

"目标收益率"对比。

预期收益率：假如你预计买入的这只股票日后持有两年，共赚取69%，那么你的年化预期收益率就是30%。

目标收益率：最简单的方法就是在无风险收益率的基础上，根据风险系数不断加成。比如，银行存款收益率1年是5%，买信托收益率是10%，那么买股票收益率至少要在20%以上；如果买高风险的民营企业、你看不懂的美国公司、持有定时炸弹时间长的公司，那么收益率还要更高。

因此，你也可以说，你买的不是一只股票，而是一个预期收益率。千万不要对一只股票产生主人翁般的感情，否则你会后悔。

以上所述不一定适合每一个人。因此，还是要结合自身优势和投资风格，独立思考，选择性参考。

二、股票投资的四大分析方法

　　股票投资有四种重要的分析方法：顺势而为、金字塔式、过滤嘴式、趋势分析。

　　股票投资中的顺势而为既是方法也是策略，它强调的是根据股市行情采取措施。股市行情大势向上时，买进股票；相反，当股价趋势向下时，则需要卖出手中的股票换取现金。这种方法适合中小投资者使用，特别适合小额投资者。此方法在使用时必须牢记两点：第一，涨跌行情必须明确，参考大盘行情中期走势为最佳；第二，必须确定股票买卖时机。若投资者顺势而为，且投资方法运用得当，那么将起到事半功倍的效果，盈利金额将大大增加；若逆市操作，那么最终结果往往是爆仓收场。

　　金字塔式也叫金字塔买卖方法，是股票投资市场最为常见的投资方式。此方法的特点在于买进股票时越买越少，卖出股票时越卖越多。此方法的好处在于：第一，当大盘走势一直处于涨势行情时，投资者持续买入股票，投资者账户盈利金额就会不断累积；第二，如果股票市场突然由多头市场转变成空头市场，则投资者将会因为前期买入股数较少而不会造成太大的损失。

过滤嘴式是让投资者在涨势刚刚形成或者跌势末期，以固定的盈亏比率，损失部分利润，从而保留预期利润的投资方法。此方法适合中长期操作（也适合涨势行情和跌势行情），是股票投资市场最为稳妥的投资方式。切记，当大盘走势处于涨势、跌势较短或者涨跌幅过小时，采用此方式将会造成买卖过于频繁，交易成本比重过大，因而需要灵活运用此方法。

趋势分析强调投资者应该顺应大盘涨势行情购买股票，并长线持有。当市场高位出现空头信号时，必须卖出手持股票做观望，等待股市再次出现涨势行情再继续购买。趋势分析关注的是大盘走势或长期趋势，其优点在于不会因个股的短期波动而影响股票市场。如果趋势判断正确，则股票收益将十分丰厚。但是趋势分析也存在着缺陷。若投资者没有设置止损价格，那么，一旦判断错误将会给投资者带来大量的资金损失；即使投资者正确预测股票价格走势，但在短期内股票市场还是会出现波动，使得投资者收益减少，不能实现收益最大化。

每个投资者对实战的总结各有差异。作为投资者，学会总结是必经的一课，而学习借鉴同样必不可少。只有这样，你才能在实战中获得经验，才能为你以后的实战获得利润打下坚实的基础。

除了上述四大分析方法，股票投资分析还有四种基本分析方法，即基本分析、技术分析、量化分析、演化分析。为了学习，这里不做展开，只是简要介绍，以提供一个新的学习内容。基本分析法通过对决定股票内在价值和影响股票价格的宏观经济形势、行业状况、经营状况等进行分析，评估股票的投资价值和合理价值，与股票市场价进行比较，相应形成买卖的建议。技术分析法从股票的成交量、价格、达到这些价格和成交量所用的时间、价格波动的空间几个方面分析走势并预测未来。量化分析法是利用数学和计算机的方法对股票进行分析，从而找出股价涨跌的概率。演化分析法是以演化证券学理论为基础，将股市波动的生命运动特性作为主要研究对象，对股价波动方向与空间进行动态跟踪研究，为股票交易决策提供机会和风险评估的方法总和。

三、股票市场短线投资方法

所谓短周期技术系统，具体指的是日线及日线级别以下的交易周期。它们包含日线、60 分钟线、30 分钟线、10 分钟线、5 分钟线、1 分钟线甚至分时单笔成交数据及即时波动图形。短线的另一个含义是：短线的根本作用是为了不参与股价运动中的调整，以便我们在最短的时间里达到成功避险或获取最大的安全利润的目的。由以上两方面给出的定义来看，答案就很清楚了：专业的短线操作，其最终目的就是为了在最短时间内最大限度地获取利润，同时不参与个股行进过程中的调整。

对于短线的操作，不少投资者十分热衷。在具体操作时，投资者应注意以下三个基本技巧，如表 7 - 1 所示。

表 7 - 1　　　　　　　　　　股票市场短线操作技巧

序号	内　容
1	做短差讲究一个"快"字和一个"短"字，要避免短线长做。有些投资者介入原本做短线的个股后的确马上获利，但此时往往产生获更大利的心理，因而改变自己的初衷，也打乱了原来的操作计划。一旦被套，获利转为亏损，会大大影响投资者的操作心态，这是十分不利的。长期按计划进行操作可以使投资者养成良好的操作心态、形成稳定的操作思路，对投资者长期立足于股市是大有裨益的

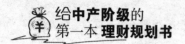

续表 7 – 1

序号	内 容
2	注意对一些个股的操作应有利就走，这些个股就是那种累计涨幅巨大或在反弹时涨幅较大的个股。有些个股的确在一段时间内有较大的下挫，反弹之后一些持股的投资者就认为不立即抛出风险不大，这种观点有偏差。对一只个股，我们要整体地看，绝不可单看某个时间段的表现。有些个股累计升幅大，下挫后出现反弹，不及时抛出是有风险的。这些个股在开始从高位下跌后都有过反弹，但反弹后的下跌仍是非常大的，此类个股的短差要做到有利就走。对于一些在大盘横向整理时出现较大涨幅的个股也不要恋战；而那些原来就未大涨，下调却较猛而且质地并不坏的个股，股价出现反弹后不及时抛出风险倒不是很大
3	投资者可以参照个股 30 日均线来进行反弹操作。同大盘一样，个股的 30 日均线也较为重要，在股价上升时它是一条支撑底线，在个股下挫后反弹时它又是一条阻力线。如果个股在下调后企稳，向上反弹时冲击 30 日均线明显有压力，上攻 30 日均线时成交量也没有放大配合，股价在冲击 30 日均线时留下的上影线较长（表明上档阻力强），那么投资者可以进行及时减磅。相反，如果个股上攻 30 日均线有较大成交量支持，股价冲过 30 日均线后是可以再观察几天的。也就是说，在个股于 30 日均线处震荡时是投资者进行差价操作的好时机

炒股是一种风险很大但收益很高的功夫，但不像瑜伽功一样人人一学即会，特别是短线操作，被喻为刀尖舔血，要制定铁的纪律。然而，说难也难，说不难也不难，其实它就在我们身边。下面就让我们来看看贴近生活的短线操作 10 条"铁律"，如表 7 – 2 所示。

表 7 - 2   股票市场短线操作 10 条 "铁律"

事　项	内　　容
快进快出	这多少有点像我们用微波炉热菜，放进去加热后立即端出，若时间长了，不仅会热糊菜，弄不好还要烧坏盛菜的器皿。原本想快进短炒结果长期被套是败招，即使被套也要遵循铁律而快出
抓领头羊	这跟放羊密切相关，领头羊往西跑，你不能向东；领头羊上山，你不能跳崖。抓不住领头羊，逮二头羊也不错。地产领头羊万科涨停了，买进绿景地产收益可能也不菲。铁律是：不要去追尾羊，去买 ST 中房，不仅跑得慢，还可能掉队
涨码跌减	这同我们自行车的道理一样，上坡时，用尽全力猛踩，一松劲就可能倒地；下坡时，紧握刹车，安全第一。铁律是：一旦刹车失灵，要弃车保人，否则撞上汽车就险象环生了
关注反弹	再烂的股票如果连续下跌 50% 后都可抢反弹。这好比我们坐过山车，从山顶落到山谷，由于惯性总会上冲一段距离。遭遇重大利空被腰斩的股票，不管基本面有多差，都会有 20% 的反弹。铁律是：不能热恋，反弹到阻力平台或填补了两个跳空缺口后要果断下车
冷门股	这说的是牛市中不要小觑冷门股。这就像体育竞技中的足球赛，强队不一定能战胜弱队，爆冷时常发生，因为球是圆的，中国足球队在亚洲杯打平即出线时，被爆冷淘汰。牛市中的大黑马不一直是从冷门股里跑出来的？铁律是：不要相中"红牌冷门股"，这样有可能被罚下场

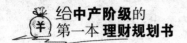
续表7－2

事　项	内　容
止　损	买进股票下跌8%应坚决止损。这是我们从下中国象棋中得到的启示。下棋看7步，在处于被动局面时，一定要丢"卒"保"车"，只有保住了资金才有翻盘的可能。铁律是：止损时主要规避系统性风险，不应进行技术性回调，因为小"卒"过河，胜过十"车"
买卖时机	高位三连阴时卖出，低位红三兵时买进。这如同每天必看的天气预报，阴线乌云弥漫，暴雨将至；阳线三阳开泰，艳阳高照。铁律是：庄家将用此骗线洗盘或下跌中继，应结合个股基本信息甄别
逆行股	即大盘暴跌时逆行的股票。这无疑像在海边游泳，只有退潮时才能看清谁在裸泳。裸者有两种可能：一种是穿了昂贵的"隐身衣"；另一种是真没钱买泳裤。铁律是：逆市飘红有可能是大资金扛顶，后市大涨；也有可能是庄家诱多拉高出贷，关键看是否补跌
买涨停板	即敢于买涨停板股票。追涨停之所以被称为敢死队，是需要胆略和冒险精神的。这如同徒手攀岩，很危险，一脚踩空便成自由落体。当登上了山峰后，便会一览众山小，财富增值极快。因为只要涨停被封死，随后还有涨停。铁律是：在连续涨停被打开前一定不要松手，松手就等于前功尽弃
买跌停股	即买入跌停板被巨量打开的股票。巨量跌停，被大单快速掀开，应毫不犹豫地杀进。这如同我们在夜空中看焰火，先由绿变红，再一飞冲天。巨量下一般都能从跌停到涨停，当日有20%的斩获。铁律是：美丽的焰火很快成过眼烟云，翌日集合竞价时立马抛空

　　没有规矩不成方圆，短线操作同样如此，有些操作原则需要我们无条件地执行，没有原则的短线操作注定是失败者。短线操作是一种高技

术含量的操作，它追求的是在最短的时间内实现最大的收益，如果盲目操作，则不可能实现短线操作的目的。从多年的实战操作经验中，我总结出以下八大禁忌，每一条都是短线操作的死穴，如果违背都有可能损失惨重。短线操作禁忌如表7-3所示。

表7-3 股票市场短线操作禁忌

序号	内 容
1	介入没有成交量的个股（控盘的个股例外）。短线操作追求的是时间和速度，成交量代表行情运行的能量，成交量不足难以实现短期内股价的暴涨。当然，我们不能否定没有成交量的个股价格不会上涨，一些处于整理形态的个股，成交量的萎缩只代表短期的蓄势整理，后市上涨的可能性很大，但是我们却难以把握这些处于整理蓄势中的个股价格何时上涨，有些个股可能长时间进行整理，所以针对这类个股最好以观望为宜，等趋势明朗之后再介入不迟。对一些处于上涨趋势中的个股，如果不是高控盘的个股，则成交量的不足难以保证趋势的持续性，趋势的持续性值得我们怀疑，趋势随时有可能逆转。没有成交量的个股说明主力关照不够，这样的个股价格涨和跌都有可能，把赚钱押在不确定性上肯定不是明智之举。因此，成交量是短线操作的前提。如果没有成交量，则最好不要介入。当然，凡事都有例外，我们讲过几种无量上攻的状态，但这种事情只是少数，只是一个点，不能代表一个面，要区别对待
2	把好股票当作买进理由。很多短线操作的投资者买进股票的理由往往依据基本面，这种手法有点张冠李戴。基本面选股思路可能会选出好股，但事实证明好股不一定马上涨，有些好股可能会潜伏很久，下跌也很正常。依据基本面选出的股票不适合短线操作，因为从短期来说，股价的涨跌同上市公司的基本面好坏没有关系

续表 7 – 3

序号	内　容
3	短线没有常胜将军，止损是短线操作的保护伞，没有止损这把保护伞，短线操作可以说注定会失败。短线操作不止损是一种非常可怕的手法，这样操作的结果往往会造成风险和收益不对称，会让风险尽可能地扩大，这和投资的基本原理不相符。有些投资者自认为经验老到，不止损，结果一样是损失惨重
4	频繁炒作。在《投资理念》一书中我用了大篇幅论述常炒必输，这里不再多讲。我一直强调，我不反对炒短线，但是非常反对经常炒短线，短线只是长线的调味剂，切不可本末倒置
5	追涨杀跌。一些初入市的投资者总喜欢追涨杀跌，这是一种很不成熟的操作手法，结果不言而喻。所谓的追涨杀跌要有一个界定，如果在股价上涨的初期介入则不算追涨，股价刚刚突破压力位反而是最好的买点；下跌破位卖出也不算杀跌，问题是有些朋友总喜欢等暴涨之后再买进，等股价暴跌到心理崩溃才去止损，这才叫追涨杀跌
6	逆势操作。很多操作短线的投资者喜欢逆势操作，这种贪便宜的操作手法会大大降低操作的成功率。我们在股票投资的四大分析方法中讲过，顺势而为是短线投资者和长线投资者需共同遵守的原则，违背这个原则会导致操作失误率大增。顺势者昌，逆势者亡，天经地义的真理
7	在错误的筹码上加码。短线操作如果出现失误，那么最好的办法就是止损。千万不要在错误的筹码上加码，一些投资者亏损之后总喜欢逢低摊低成本，这种做法非常不可取

续表 7 - 3

序号	内　容
8	赚钱短线，亏损长线。有些投资者短线的盈利目标太低，赚点小钱就沾沾自喜、落袋为安，但亏损时却总要等亏得受不了时才止损，这样操作也犯了同不止损一样的致命错误，就是让风险和收益不对等

　　昨天、今天输钱不要紧，最重要的是明天不再输钱！没有不赚钱的股票，只有不赚钱的操作！股票市场短线操作只要掌握上述基本技巧，把握 10 条"铁律"，避开八大禁忌，你就不难成为赢家！

四、股票市场中线投资方法

　　最简单的事情往往最有用处，其实这都是复杂思考后简化的一种结果。股票市场中线投资其实不难，因为确实有方法，如表7-4所示。

表7-4　　　　　　　　　　　　股票市场中线操作方法

序号	内　容
1	应该对所选目标的质地有所考究，例如，上市公司的主营业务是否有前景，如果有政策支持，那就更好了；公司的分红力度如何，一家好的公司是不会小气的，不会让看好它的投资者失望，同时也说明这是一家赚钱的公司，所以才会有不错的分红。持有这样一家公司的股票，是一个不错的选择
2	选好了目标，我们还应该选择时机。我们在选择时机的时候应该考虑公司的价值。在牛市里，股票价值往往被高估，这时候持有则非常不明智。很多股民都只喜欢牛市，其实就我个人而言，我更喜欢熊市，因为熊市更能看出公司好坏，这就和患难见真情是一个道理，只有能陪伴你渡过苦难的人，才是真心朋友。对于公司，我们也应该在这时候仔细研究、判别好坏，才能赚到可观的利润。通常在熊市中，很多个股跌破净资产，产业资本也会增持，股票价格非常低，这时候我们做一个中线的投资规划，其实在很大程度上就降低了风险

续表7-4

序号	内　容
3	心态应该保持平稳。这时候持有的股票，不需要关注每天的涨跌情况。事情不可能是一条平行线，而是在波澜中度过的，平静更彰显你的成熟稳重。你坚信自己的判断，结果当然会很好。好的事情，如果我们不能坚持，那么最终也会落空。当个股的涨幅越来越大时，估值就会非常高，这时候可以看市盈率。随着市盈率越来越高，我们的心态越来越不淡定，这时候我们可以选择一个递进式的撤退方式。之所以不一步到位，就是可以让利润最大化。股价越来越高，我们的成本收回后，后期的压力就不会太大，不可能有亏本的情况出现，那时候抛出的心态也会轻松

股市的中线投资需要注意三点，如表7-5所示。

表7-5　　　　　　　**股票市场中线操作注意事项**

事　项	内　容
建仓选时错误	所谓建仓选时错误，是指许多投资者在进行中线投资时介入个股的时机错误。对于建仓时机的把握，投资者应善于在每年行情低迷期去考虑中线建仓，而在行情不断高涨的过程中，投资者应切忌盲目建仓做中线，此时我们建议投资者在没有绝对把握的前提下应坚持"短线是金"的策略
建仓选择错误	投资者在个股的选择过程中也往往容易去购买涨幅较好的个股或短期的热门品种去建仓做中线。对于中线个股的选择，我们认为投资者应善于发掘市场中价值被低估的板块和个股，同时个股未来有被市场发掘的炒作题材，如高送配、重组等。找到合适的目标后，只要目标个股仍处于潜伏期，投资者就应大胆地逢低介入

续表 7 - 5

事　项	内　容
投资时间误区	有的投资者可能会认为中线投资意味着要耗费较长时间，其实这是中线投资者最大的误区。许多投资者会遇到这样的情况：自己选择介入了一只中线个股，但介入后不久，这只个股便开始疯涨起来，但自己却坚持以中线的思路死守，结果没过多久，这只个股走完主升浪进入调整期，最后仍然死守，到头来空欢喜一场。那么，在这里我们要提醒投资者，中线投资并不意味着行情一定要等很长时间才会有，而更多偏向于个股未来的较大涨幅空间，故个股完成这样一段较大涨幅空间也许要花几个月，也许一两个月就能完成，中线投资转化成"短线快马"。故总结为一句：我们这里的中线投资更侧重于个股的涨幅空间，而非简单意义上的时间概念

五、股票市场长线投资方法

很多股民投资股票亏损，原因自然有很多，如操作过多、渴望暴富、追涨杀跌等。其实采取科学的方法可以以静制动、以柔克刚，那就是：一是筛选股票；二是持股策略。

筛选几只价值型股票并长期持有，争取价值增值和大盘增值的双重收益。筛选此类股票有一些基本的知识，如表7-6所示。

表7-6　　　　　　　　股票市场长线操作之筛选股票的方法

事　项	内　容
公司能够长远发展	以10年为例，公司能够在这10年内持续经营，且不会倒闭和退市。如果公司在这10年当中倒闭或退市，那么投资者手中的股票就变成了一堆废纸
名实相符	名实相符强调买入的股票不要严重偏离实际的价值。如果股票被炒作，价格虚高，严重背离股票的内在价值，那么以后有可能不会再有炒作的价值，就算再次炒作也有可能回不到原来的股价。因此，在购买股票的时候，股价要有足够的安全边际，可以参考市盈率和市净率

续表 7 – 6

事　项	内　容
综合衡量	即综合衡量公司市盈率的稳定性和可持续性。以市盈率 10 为例，股价 10 元、每股收益 1 元的股票，数据看上去非常理想，但如果有特殊原因，结果可能会亏损。另外，尽量避免购买与经济周期紧密相关的股票，如煤炭、钢铁、有色金属。尤其不要在经济环境良好的时候买入
分散投资	分散投资即购买不同概念和公司的股票。不要全仓买入，而是分批买入与卖出，这样你的股票买入价和卖出价都是一个平均价格。按照这种方式操作的客户，不要追求太高的收益率

　　长线投资同样要讲究策略、方法和艺术。现介绍几种常见的长线投资方法，供投资者参考，如表 7 – 7 所示。

表 7 – 7　　　　　　　　股票市场长线操作策略、方法和艺术

事　项	内　容
持股不动	这是最基本、最常用的长线投资方法，在大盘趋势保持向上、所持股票走势强于大盘时被许多投资者普遍采用。用好这一方法重在把握三个环节。一是买入环节，包括品种选择要"强"、时机选择要"早"、仓位选择要"重"等，简言之就是要以最快的速度、尽最大的可能、买入最强势的股票。二是持有环节。买入股票后要能拿得住，做到这一点看似简单，实则不易，需要经受住三个考验：大盘和个股跳水时市值缩水的考验；大盘和个股井喷时想获利了结的考验；出现高抛低吸机会时想博取价差的考验。只有经受住了这三个考验的投资者才能拿得住股票。三是卖出环节。持股不动不等于"永久持股"，它是一种根据投资者的预期，持有期相对较长的投资方法。长线投资的最终目的同样是为了卖出，而且想卖个更高的价格，取得更好的收益。把握好卖出环节的关键是要有目标位。从买入股票之日起，投资者就要明确所买股票的预期目标价，到价即卖出。一旦股价达到或冲破目标位，就应毫不犹豫地卖出所持股票，至此一个完整的长线投资周期才算结束。卖出后，无论股价下跌或上涨，投资者都要坦然面对，尤其是当股价上涨时也要做到卖后不后悔

续表 7 - 7

事　项	内　容
持币观望	说起长线投资，许多人想到的仅仅是买入股票后持有不动，殊不知还有另一种长线投资方式——持币观望。相对于持股不动来说，持币观望同样是一种简单实用的长线投资方法。事实表明，投资者如果仅会用持股不动方法而不善于持币观望，结果常常"坐电梯"，投资收益也会受到严重影响。持币观望一般在熊市或"挣扎市"里采用。操作方法主要有两种：一是让资金"闲着"，即卖出股票后的资金直接留在资金账户里备用；二是派其他用场，即用腾出来的资金去申购新股或转入银行存定期。这样做虽然会失去一些短线机会，但由于较好地保存了资金实力，一旦行情转暖，发现理想的建仓品种时，即可为精确出击提供资金保障
长中有短	高水平的投资者往往会在长线投资的同时适度穿插一些灵活、有效的短线操作，做到长中有短、长短结合，这也是区别于"纯长线"或"纯短线"操作的一种更为合理、奏效的投资方法
滚动操作	除了"长中有短"这种在单一品种内部进行的高抛低吸操作，投资者还可在两个不同品种之间进行来回操作，这种方法通常称为"滚动操作"。比如，某投资者长线持有 A 股票，当预期 A 将横盘或下跌，而另一非长线投资品种 B 却存在短线上涨可能时，就可用 A 股票去换 B 股票，即先将 A 股票卖出，再买入 B 股票。当 B 股票到达目标位后，便将其卖出并逢低买回 A 股票。操作结果为：既不改变长线投资的初衷，又能达到筹码不变、资金增加的目的

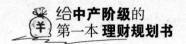
续表7-7

事 项	内 容
声东击西	在确保"底仓"筹码不丢的前提下，将"短炒"对象拓展到A、B之外的其他股票上，这种操作方法便称为"声东击西"投资法。此方法的特点是选择的范围更广、获利的概率更高，但可能遭受的投资风险也更大。所以，这也是所有长线投资方法中难度最大、要求最高的操作方法，把握不大的投资者不建议频繁采用。采用此法取胜的关键在于品种要熟悉、心态要摆正，且在操作中能对相关股票做到进出自如、得心应手。你是来玩转股票的，而不是被股票牵着走的。否则，极有可能偷鸡不成蚀把米

在实际操作中，不同的长线投资者（持股或持币）需有不同的操作方法：持股的长线投资者须先卖后买，即先高抛所持股票，再择机逢低买回；持币的长线投资者须先买后卖，即先逢低买入所选股票，再择机找高点卖出。操作数量视确定性大小而定。当确定性较大时，可动用大部甚至全部股票或资金进行"长中有短"操作；当确定性不大时，应少用或不用这种方法。无论是持股还是持币的投资者，进行"长中有短"操作都是为了赚取正差收益，在确保长线投资性质不变的同时进一步提高股票或资金的利用率，增加投资收益。

长线投资实际上是一种静中有动、动中有静，有长有短、长短结合，不同方法相互渗透、多种策略融为一体的投资方法。用好这一方法需要注意的问题如表7-8所示。

表7-8 　　　　　　　　　　**股票市场长线操作注意事项**

事 项	内 容
明确操作对象	既要确保待买品种未来走势强于大盘或处于上升通道中，又要确保待卖品种日后走势弱于大盘或处于下降通道中，没有把握或胜算不大的股票不宜轻易出击，以免做反

续表 7 - 8

事　项	内　容
明确操作方法	无论采取哪种方法，都是基于长线投资基础上进行的操作，特别是要防止随着操作频率的加快和总量的增加，逐渐迷失了方向，甚至出现"长线变短线""逐利变被套"的窘境。要做到这一点，对买卖时机的把握十分关键，原则上要在冲高过程中卖出，在股价回调时介入
明确操作目的	始终牢记长线操作的目的：筹码不变、资金增加，或资金不变、筹码增加。一段时间后，为了检验操作效果，投资者还可拿资产总值与大盘指数进行比较。通过采取不同形式的长线操作方法，若在指数不变的情况下能使账户总值多起来，或在账户总值不变的情况下指数出现下跌，都是正确的长线投资；反之则是错误的操作

【案例展示】牛散徐元晦专做"龙头股",8 年赚 43 倍

在股市里,无论是谁,无论男女,只要你对股市足够着迷,你的故事就有可能成为股市传奇!徐元晦就是其中之一。他于 1993 年 6 月进入股市,曾经创造了 8 年赚 43 倍的纪录,惊呆了无数散户!

徐元晦在 1993 年入市的时候,正好面临大盘下滑阶段,当然,这最后带给他的是巨大的亏损。他有一个非常好的习惯,就是从投资股市一开始,他就对每笔交易进行记录,并在此基础上编制了一张自己的资金状况变动表。这张变动表特别详尽,包括当年买入、卖出笔数,当年持有股票的账面盈亏,A、B 股合计盈亏,以及年末账户总值等 22 项。通过这个交易记录,他发现了自己曾经亏损 70% 的致命原因——过于频繁地进出。不论股票的名称好不好听,好股还是好股,劣股还是劣股。而频繁地做短线,完全跟着感觉走,最后的结果只能是亏损。

经过总结,徐元晦采取了与众不同的操作技巧:追龙头股战法!

第一步,判断大盘短期是否上涨,成交量是否放量,近期有没有资金进入市场。原因是大盘上涨,可以直接提高追涨停的成功率!所谓炒

股先看大盘，大盘好，买股票赚钱自然多，就是这个道理。

第二步，行情每一次启动前，都有一批提前于大盘上涨的牛股，我们可以称之为"龙头股"。龙头股的特点：一是前期放地量，时间越长、量越小越好，说明长期没主力、没资金进入；二是短期内连续温和放量，或者连续放巨量（放一天巨量不算，容易被主力炒作），有量就说明有主力资金进场，有主力资金进场才会拉升股票；三是现在突破短期平台，创新高；四是上涨之后哪天放出超巨量，或者缩量下跌，就意味着短期回调，减仓出局。比如，研硅股前期地量，后面两天放量后又有三天缩量，最后又放量，买入！随后该股暴涨52%！

徐元晦认为，投资者追龙头股有三点需要注意：第一，龙头股必须从涨停板开始，涨停板是多空双方最准确的攻击信号，不能涨停的个股，不可能做龙头；第二，龙头股必须在某个基本面上具有垄断地位；第三，要想追涨停股，应以超短线为主，切不可以中长线思维去操作。

徐元晦的追龙头股战法堪称实战宝典，对广大股民来说具有指导意义。

第八章
股权投资：中产阶级投资理财的聪明选择

投资未来，中产阶级需要非常关注股权投资领域。股权投资的收益率高，持有上市公司的股权，就能获取十倍、百倍的增长空间。股权投资是每个希望改善生存环境、未来能尽快实现财务自由的人的必由之路，也是中产阶级投资理财的聪明选择。但投什么，投谁，怎么投，注意什么很重要。

一、什么是股权投资，其获取收益的途径有哪些

所谓股权投资，通俗地讲，就是投资人通过投资（未上市公司的股份）获得收益。股权投资基金（投资准备上市、未上市公司的股票），最终目的是为了获得较大的经济利益。

在中国证券市场上，"原始股"一向是盈利和发财的代名词。原始股票是指在公司申请上市之前发行的股票。原始股票的购买机会是十分有限的，购买者多为与公司有关的内部投资者、公司有限的私募对象、专业的风险资金及追求高回报的投资者。他们投资的目的多为等待公司上市后出售手中的原始股票，套取现金，获取投资的高回报。通常这一周期为 1 ~ 3 年，原始股票的利润是几倍、几十倍甚至上百倍。投资者若购得千股，日后上市，涨至数十元，则可发一笔小财；若是资金实力雄厚，购得数万股、数十万股，日后上市，利润便是数以百万计了。这便是中国股市的第一桶金。

股权投资获得收益，一是通过企业上市可获取几倍甚至几十倍的高额回报，很多成功人士就是从中获得了第一桶金。投资者买卖股票，是买卖已经上市了的公司股票。股票市场叫作二级市场，任何普通投资者

都能买卖。股权投资市场叫作一级市场，即在公司还未上市前投资其股份，此时公司股票还不能自由流通，普通投资者一般没有渠道购买。而且这时公司股票价格低、投资成本少，投资该公司等到其上市后能赚取更多的利润。二是通过分红取得比银行利息高得多的现金分红。很多人担心投资原始股是否一定得上市才能获利，其实上市只是公司资本证券化、原始股变性的方法，基本上只要公司体制好，年年获利，就算不上市，投资者仍可享有每年的高额分红。

股权投资获利的具体途径见表 8 – 1 所示。

表 8 – 1 股权投资获利途径

事 项	内 容
套 现	所投资公司上市后套现，包括主板、中小板、创业板、新三板、未来战略新兴板
并 购	所投资公司被同行业其他公司收购（如"滴滴打车"之前收购"快的打车"，"携程网"收购"去哪儿"等）
转 让	股权投资是分早期和后期的，一般分成天使轮、A、B、C、D 轮等。投资早期天使轮或 A、B 轮，可以转让给后面的 C、D 轮，不等公司上市提前退出从而获得收益
回 购	有些投资项目因为业绩或战略考量，会进行回购

二、为什么说股权投资是中国中产阶级最好的上升通道

　　未来 10 年，如果中产阶级不知道如何将自己的资产进行配置，或者对股权类资产视而不见，那么个人资产的增值将遇到很大的阻力，可能永远停留在原来的资产水平，甚至出现资产缩水。这是必然趋势。如果你现在不投资股权，等于 10 年前你身处房地产行业却不买房。股权投资可以改变中国的阶层，股权投资是中国中产阶级最好的上升通道。

　　孙正义说过，越是迷茫，越要向远看。在 1990 年至 2010 年日本"失落的 20 年"期间，孙正义选择了中国，但不是办企业，也不是投资交易所市场，而是投资马云那个当时令人难以置信的阿里故事。2000 年，他以 2000 万美元投资，到 2015 年阿里巴巴在纽交所上市，市值达到 588 亿美元，涨幅高达 2900 倍，一跃成为日本首富。孙正义开创的"30 年愿景"投资方式，不用说 30 年，即使站在未来 10 年看现在，寻找 10 年后的最牛公司现在进行股权投资，一定是面向未来的最佳布局。

　　中高层人群进入高产阶级的唯一途径是股权投资。这是因为，普惠性资产的利率一定比通货膨胀率低，国家增印的钞票肯定不是通过互联

网渠道发给大家的，肯定会用到其他地方，然后我们用钱买资产，进入杠杆效应。只要是普惠性资产，其利率都会低于通货膨胀率，只有股权投资的利率可以高于通货膨胀率。

美国纽约大学的一份报告指出，在仅限于高净值人群的中高产人群中，投资有一半的钱在股权里面，股权投资中 1% 的人持有 63% 的财富，资产风险越来越小，而且经历的过程都是从股权比例低到越来越高的。这说明股权是跑速最快的，跑过所有的资产类别。这个速度是最快的，你通过其他方法是没有这个爆发力的。如果未来你不会投资股权，那么你的资产将会面临危险。

我们都知道，如果回到过去，比如 15 年前，在北京买房都能赚到钱。但是这个时代已经过去了，未来会越来越难。股权投资肯定比买房难，但是如果你现在不投资股权，就等于 10 年前你身处房地产行业却不买房。

除客观形势外，股权投资的优势也说明它是中国中产阶级最好的上升通道。就中国资本市场而言，经过 20 多年的发展，交易所市场已基本形成，并完成与那个阶段相适应的历史使命。目前中国资本市场面临着改进完善交易所市场制度和开创建设场外资本市场体系的双重任务。而对于未来的变化趋势和方向，要特别关注股权市场的发展。股权投资者可能成为未来最大的赢家，而股权投资是布局未来的最佳方式。

具体来说，股权投资的优势体现在表 8 - 2 所示的几个方面。

表8-2   股权投资的优势

事　项	内　容
股权投资具有非常广阔的选择空间	中国资本市场发展很快，上海、深圳两个交易所成立已有20多年的时间，但上市公司数量仍然偏少，而且同质化现象十分严重，加上投资者的同步化倾向，经常导致股价暴涨暴跌，绝大多数投资者均以告亏了结。但在交易所之外，中国有5000多万家中小企业，特别是在企业商事登记制度改革之后，每年新增企业近千万家，股权投资选择宽广无垠。特别值得一提的是，股权投资实际上是在分享企业家的智慧和成果。企业家是一国的稀缺资源，能够发现普通人看不到的机会并通过组织管理变成财富。如果通过股权投资找到了企业家，我们就能伴随企业家巨人一起成长
股权投资比买卖股票具有天然的成本优势	交易所市场的运行机制是把企业在价值上进行标准化股份切割，以供投资买卖股票。投资者交易股票是按照公司的整体价值甚至未来价值进行的。公司的上市过程需要大量的成本投入，交易股票也必须按结果全部支付，二者必然导致极高的成本。但股权的本质是原始股，没有包装，也不需要进行股份切割，更没有公开交易进行边际定价，从而大大降低了成本。另外，股权投资比买卖股票受外部环境的影响相对要小。从严格意义上来说，股权投资读懂企业就行了，而买卖股票要随时关注、跟踪外部特别是宏观政策变化。前不久的一项熔断机制，仅4天时间市值就损失了7万多亿元。作为投资个体，对这种外部情况的变化导致的投资损失防不胜防

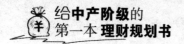
续表 8 - 2

事 项	内 容
股权投资的核心要素是团队、机制和行业位次	一般性投资关注利率和回报率。买卖股票除了关注宏观环境，关注的重点是市盈率和企业的财务状况。笔者认为股权投资的第一要素是企业团队。柯林斯在研究世界 500 强之后曾提出了"先人后事"和"第五级经理人"的概念，表明人特别是卓越的人是关键。第二要素是机制。职业经理人的时代已经终结，代之而起的是合伙人制度，否则企业就会失去终极负责人。第三要素是位次。一家企业是否优秀、能否卓越，不在于自身好坏，关键在于其细分市场的排序位次，处于中后位的企业收入再高也只是窗口性机会

当然，做股权投资也有注意事项和需要遵循的原则。如果你有闲置资金，刚开始涉足股权投资，那么一定要投资代表未来的行业。你现在投资一家鞋厂是没有任何意义的，它在过去代表未来的行业。你既然投资股权，就要投资绝对跑赢所有品类的股权。

同时，如果你拿 100 万元投资股权，那你最好有 500 万元 ~ 1000 万元的流动资金。这样，即使你 1/10 的钱没了，也没关系。但是如果这部分涨起来了，就及时退出，然后用赚取的钱再去投资，去滚雪球。最好的方式是除了股权投资的钱，剩下的用可以流动的资金去做，千万不要让转速大于你的投资能力。要让生活不受影响，慢慢地把投资回收回来，不要贪。到自己口袋里的钱才是真钱，这是股权投资的理性。

三、现在是做股权投资的合适时机吗

从整个国际大环境来看，现在全球信贷扩张已经进入尾声，日本、欧洲相继进入负利率时代，货币政策（不断印钞）已经不能推动整个经济的复苏。经济复苏唯有依靠技术创新提高生产效率，而这就是股权投资的作用：产生新的伟大的公司，去除旧的生产模式和世界格局，才能有更好的前景。

从国家层面来看，中国政府大力支持高新科技、互联网行业发展，鼓励企业并购重组，这已经是一个股权投资时代开始的标志。一级股权投资市场是中国资本市场的重中之重，"大众，万众创新"也是目前国家战略的半边天。目前整个二级资本市场的制度完善（包括注册制、战略新兴板、新三板分层、深港通等）就是为股权投资市场铺路，当旧的经济环境发展不下去的时候，就是股权投资的最佳时机！技术井喷10年一阶段，整个经济环境新的发展龙头公司正处在孕育发展阶段。

从目前财富热点的角度来看，实体经济下行还在企稳，股票市场还没有从股灾中恢复过来。在这样的背景下，互联网和高科技产业将是财富快速集聚的两个领域。如果我们现在参与股权投资，就能在这个大时

代背景下把握趋势。

由于我们是在最低点买入的，那么接下来到了市场较热、价格较高的时候，投资者获利离场，财富就到手了。所以，现在是做股权投资最好的时候。

股权投资时代投资者都想获取非凡的收益，通俗点说就是暴利！暴利的事，除了军火、毒品，就是股权了。前两件事没有几个人有能力、有胆量去做，而比这两件事盈利还大的事就是股权！

马云曾经说："很多人输就输在对于新兴事物第一看不见，第二看不起，第三看不懂，第四来不及。"这句话对于目前中国中产阶级的资产配置极具警示意义。股权已经成为又一个引领世界的创富神话，这是百年不遇的一个商机，是一个可以改变一生的机遇，就看你能否看得懂。

股权投资最重要的一件事，除了看企业的发展趋势就是要看这个企业的掌门人，人品要好、口碑要好，多研究他及团队成员过往的经历。我身边有很多朋友投资股权赚了大钱的，但投资股权亏本的更多，很多就是因为企业掌门人的人品不行，拿到你的钱后，公司管理不规范，财务制度不健全，要么把公司做的稀烂，要么不兑现承诺。这类企业这类创始人千万要远离。所以投资股权也要学习什么样的企业值得投资，什么样的人值得投资。多交一些圈内的朋友，探讨可能遇到的问题和解决办法，这点尤为重要。

四、这八种方式的股权投资不能用，不看你就亏大了

现实中，很多人也直接或间接参与到股权投资中，但成功的例子不是很多。股权投资是一件考验洞察力的事，总结那些做股权投资不成功的例子，我们发现普遍存在几种情况，如表8－3所示。

表8－3 股权投资应该避免的8种方式

事　项	内　容
跟风式投资	身边的朋友推荐了一个好项目，大家都投了，你也跟着投了一部分。以这样的方式参与投资无可厚非，但现在优质资产和优质项目越来越少，参与投资的人却越来越多，能不能保持成功率和收益率，这是一个问题
热点式投资	跟着热点投，看着某个打车软件热门起来，就投打车软件；看着上市公司都在搞游戏文化，就投一把游戏产业。投资这件事离不开一个核心点，那就是对于行业的理解，这是需要投入大量时间和精力的。只是跟着热点，是否能够了解行业的扩展性、可持续性？是否能够看到行业的潜在风险？行业竞争结构、进入门槛怎么样？这些都值得考虑

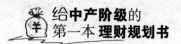

续表 8 – 3

事 项	内 容
知名度导向	所谓知名度导向式投资，就是跟着名气投，比如看创业者是名校毕业，在大公司有过丰富的经历，就投一把。从结果上来说好像是这么回事，创业成功的人往往有着扎实的教育背景和工作背景，但仅仅参考这个维度，风险性还是很大的
控股式投资	给管理层一些干股，亏了也要亏得明明白白，烂也要烂在锅里。如果是做一些自己原来产业上下游业务的，这样做也不是不可以。但如果希望在新领域、新方向有所突破，那还是把主动权和方向盘交给年轻人吧
被财务顾问教育式投资	现在财务顾问越来越多，专业不专业、负责不负责的都有。很多企业家被忽悠投了一些公司，还以为找到了下一家谷歌，却不想所投的项目可能早已陈旧。市场上提供深度服务的 FA 数量不多，大多走量，孵化器项目还能看，对路演基本就不用抱期望了
监管加学习式投资	投资了，要派个财务去监管，或者派一些自己的员工去学习。这种做法其实是最浪费大家时间的，真的要学还不如老老实实花点钱或者资源找专家来上课
集众式投资	一个项目，七八个人看着，都来参与决策。投资其实是一件考验人性的事，投资者可能经常要为了做出决策而纠结。他们一方面要说服自己和小伙伴进行投资，另一方面要在优质项目供不应求的情境下说服创业者接受投资。而决策流程、机制、依据，每个环节都会延伸出很多问题。从这个角度来看，在投资这件事情上，群体性决策大部分时候是劣于个体单独决策的

续表 8 - 3

事　项	内　容
不　投	不投是最大的困局。一项成功的股权投资，关乎对行业与项目的理解、投资条件的平衡、投资后续及退出的管理，这是一份来自资本的问卷

　　以上这些都是在股权投资中需要极力避免的！在这个只有股权投资才能扛得住泡沫的时代，我们要答好这份问卷，就应该给自己上一堂全新的金融资本课。

【案例展示】人无股权不富时代下的中国"股神"

这是一个人无股权不富的时代！中国前100名的富翁，没有一个不是靠原始股权投资的。百度在美国上市，每股价格最高达442.86美元，回报达4000多倍，普通员工都是百万富翁。另外，腾讯（QQ）上市获百倍回报，软银赛富投资完美时空获75倍回报，投资橡果国际获40倍回报，首批在创业板上市的28家企业获50～200倍回报。我们来看中国的几位"股神"的例子。

"亚洲股神"李兆基。他被亚太数区千万拥趸称为"亚洲股神"，也有人称他为香港"巴菲特"。76岁转行，接近2007年年底，这名79岁的老人悄悄地对媒体记者说他投资本市场的500亿元可能会达到2000亿元，做得比自己的上市公司还出色。李兆基在短短几年内由楼王变股王，最主要依靠的是4个字——内部认购，在企业快要上市时、在股权配售时进入该企业持股。

"中国股神"段永平（步步高原老板）。他以0.8美元认购的网易，最后以100多美元抛出。段永平称自己作为企业家的生命已经结束，再也不做实体企业。段永平这几年在美国做投资赚的钱比他在国内做企业

10 年赚的钱还多。网易发行价为 17 美元，较内部认购价高出 21.25 倍；上市后涨至 100 美元，比内部认购价高出 125 倍。

"体坛股神"姚明。据中国香港《大公报》和东方卫视报道，新股合众思壮在深交所中小板挂牌上市，这家因姚明持股而一举闻名的科技公司甫一上市就受到资金的热烈追捧，开盘涨幅即超过 100%，收盘大涨 147.3%，报 91.50 元，是上市新股首日涨幅冠军。这令姚明所持该公司 67.5 万股的账面价值也在 28 个月内从 37.5 万元飙升至 6176.25 万元，升幅高达 164.7 倍。

此外，还有巨人网络的史玉柱、红杉资本的沈南鹏等，都在股市上创造了自己的传奇。比如亚洲首富孙正义花 2000 万美元投资马云阿里巴巴的股权，给他带来超过 100 亿美元的回报。这些都说明了股权投资的财富倍增效应。

第九章
艺术品投资：财富的另一个出口

　　艺术品投资已经成为了继房地产、股票后的世界第三大投资收藏领域，是财富的另一个出口。国际艺术品市场发展规律显示：当一个国家人均 GDP 超过 3000 美元，就会出现收藏趋向；当人均 GDP 达到 5000 美元～8000 美元，艺术品收藏会出现快速增长期。而中国人均 GDP 在 2010 年已经达到 5000 美元，按照中国 GDP 年均增长 10%计算，中国的艺术品收藏即将步入快速增长期，具有巨大的增长潜力。

　　相对于证券市场和房地产市场来讲，艺术品市场具有很大的发展潜力，其投资回报率十分可观。有关机构的统计表明，金融证券的年均回报率为 15%，房地产为 21%，收藏艺术品则是 26%，个别投资品种仅半年回报率竟高达 80%以上。欧美发达国家的投资客在自身的财产投资组合中，对文化艺术品投资的比重要占整个投资的 20%，而在大陆的一线城市这个数字很是可怜，目前仅为 5%。从上述数据中我们有充分的理由证明，中国大陆的文化艺术品收藏市场发展空间巨大。

投资艺术品与购买股票或期货不同，股票与期货的风险往往如影随形，政策等因素非人力可以控制。而只要投资到真正的艺术品，投资者却能把握自己的命运，属于安全性投资。由于艺术品具有不可再生性，因而具有极强的保值功能，正所谓"黄金有价艺无价"，鲜有贬值。

投资艺术品也并不意味着毫无风险，对艺术品投资者而言，风险主要在于对艺术品的鉴别能力与变现能力。最好自己能系统学习艺术品的鉴定方法，购买艺术品时多请教某个具体艺术门类的专家和业内人士，看大家的意见是否一致。目前很多专家也良莠不齐，谨防被坑，应该长期观察找到靠谱的专家和业内人士。

一、投资艺术品有哪些好处

艺术品具有极强的保值、升值及欣赏功能，投资者不仅可以通过艺术品投资获利，还可以通过艺术品收藏来美化生活、丰富学养、提升生活格调、陶冶情操，甚至可以影响下一代的文化品位。下面我们来理一理投资艺术品的几个天大的好处。

第一，财富收益较大。艺术品是最具增值潜力的产品，尤其是变革时期的艺术品。单纯从收益上来看，很多好的艺术品的年回报率都高于20%。

英国铁路养老基金在严重通胀的情况下，投资1亿美元购买2500件艺术品，25年后获得3亿美元，收益率为20%；英国美术基金年收益率为59%；奥夏艺术基金年回报率为35%～40%。这是国外。国内更不用说了，1980年你要是舍得花6.4元买一版猴票，2011年这6.4元就变成了130万元；1992年你要去圆明园村看见一群或长发、或光头的人在作画，你花200元买一幅，2015年能卖2000多万港币。有一位学生于2001年在美术学院读书时用盒饭包子换了一堆同学的绘画，而今这位学生已经成为常走红地毯、常上杂志封面的主，当年换的一堆同学的绘画现在一幅就值 10 万元，就算打折也是不菲的收入，而且这么多年不用浇水、不占库房、不烧油、不费电，只有艺术品能做到。

第二，让你既有"面子"，也有"里子"。其实，"面子"不是为了显摆，而是为了传递某些信息，帮助别人看懂自己的价值。对于中国的有钱人来说，人在江湖漂，哪能不比宝——古人戴玉仗剑，无非为了表个身份，自然界里带几缕颜色的动物没两把刷子别去惹，其道理都是一样的。

有了艺术品，房子、车子都可以不在话下。这是因为，论值钱，艺术品是唯一上不封顶的财富，而且绝不会贬值；论耐比，当别人约你去拉斯维加斯扔钱的时候，你如果告诉他们当前十几位艺术家是你一手支持的，那么你的段位档次立见高下。资助艺术家能进历史。

第三，对后代好，这是大事！所谓富不过三代，一定是没有治家之道，金山、银山总有尽时。凡是臭名远扬的富二代，绝对是家教有问题。事实上，父辈自己尚且没有文化、没有精神，拿什么流传后代？

那些写艺术史的人，常常是要把自己的家族写进去的。意大利文艺复兴时期的梅迪奇家族，就是因为赞助了提香、米开朗基罗、波提切利等艺术家而永载史册，今天我们去大名鼎鼎的乌菲齐美术馆看大卫雕像，看波提切利的《维纳斯的诞生》，那可都是他们家的遗产。

投资一位艺术家的好处远不止上面那些，展开来说，可以说有百利而无一害，是兴国兴家的大福祉。无论是从文化角度还是从经济角度，当下中国正是发掘艺术财富的好时机，今天的艺术家和艺术品必定会随着中国社会的整体发展而增值。真正永恒的财富是时间赋予的财富，是人的精神财富，而拥有这种财富的人才真正称得上富人。

二、投资艺术品要择机、择时

在一线城市房价仍然"涨不见顶"的当下，投资艺术品要择机、择时这个问题似乎没有人能很好地回答。不过早就有人说过"买房涨十年，买画涨一生，画价涨得比房价快，买房不如买画"的话。的确，房地产暴涨了10年，已经透支了未来的上涨空间。其实10年时间艺术品比房地产涨得更快。这些年，有人买房涨10倍，有人买画涨1000倍。那么，投资艺术品究竟如何择机、择时？这需要了解市场规律、了解艺术家，在这方面一定要比别人先走一步。

从市场规律来看，艺术品、地产、股票已经是全球公认的三大资产配置投资工具，其中对艺术品的业内普遍数据是，艺术品投资的年回报率基本稳定在15%～20%左右。万达集团董事长王健林、恒大地产集团主席许家印、南京百家湖集团的严陆根、天地集团的杨修等地产界知名人士均已在艺术品投资领域浸淫多年。

从近些年的行情中可以看到，艺术品拍卖市场的地产系资本已经成为推波助澜的主力军。除了作品本身的影响力，他们看到的是书画艺术品更容易变现、手续简单、变现成本低等优势。有业内人士粗略算了一笔账，过去 10 年，国内某些大城市房价从每平方米 3000 元涨到 2 万元，涨了 6 倍左右，未来就算继续稳步上涨到 3 万元，涨幅也仅为 50%。而艺术品市场在过去 10 年的平均涨幅远远超过楼市，这样的例子在艺术品交易中不胜枚举。

艺术品是财富最终极的唯一出口。财富阶层从"比表比包"到"比车比房"，最后一定是"比墙比柜"。无论是欧美、日韩还是中国香港、中国台湾，大抵如此。中国经济增速的放缓和全球经济的低迷，都导致了近几年艺术品投资市场的低迷。就在大多数藏家和投资者开始观望和徘徊的时候，如果有闲钱，则可以多准备些钱去买画了，因为现在已经到了普通投资者买画的最佳时机。

从了解艺术家这方面来看，要尽可能全面地了解艺术家及相关的市场信息。比如，"百家讲坛"《水墨齐白石》播出之后掀起了一轮齐白石热，但彼时，齐白石和徐悲鸿等近现代大师虽然在艺术史上地位显赫，却并非艺术品投资市场上的"红人"，甚至卖不过年轻的当代艺术家。随着艺术品投资市场的不断发展成熟和步入正轨，以及藏家群体的不断专业化、理性化，市场也开始愈加真实地反映艺术家的真正艺术价值。齐白石等近现代大师的作品一定会成为艺术品投资市场上的中流砥柱，这从后来的拍卖成交数量、市场占有率和价格来看已经得到验证。经过几年的发酵，齐白石逐渐成为可以与毕加索媲美的全球最贵的艺术家之一。

三、最具投资价值的艺术品

依据国内外知名拍卖行历年数据研究，并深度研究国内一线拍卖行、走访业内资深收藏大家及专家，建议重点关注以下品类。

第一，最佳流动性的主流品类是古代、近现代书画大师名作及名人信札。

古代书画因其稀缺性和历史价值而不容忽视。中国书画千百年来涌现出许多名彪史册的书画大家。元、明、清三代均不乏开宗立派的巨匠，如元代赵孟頫、倪瓒，明代沈周、文征明、唐寅、董其昌，清之八大山人、石涛、"四王""扬州八怪"等可称一代圣手，他们的作品所具有的文化内涵与艺术价值是近现代书画所难以替代的，其中董其昌、八大山人更是对后世产生了深远的影响。因此，他们的真迹具有巨大的艺术价值和收藏价值。

名人信札（名人题词、书法等墨迹也可以勉强归类于这个版块），最近几年价值凸显。而且这个版块的价格与书画相比，价格还是很低的，适合中产阶级投资。互联网时代大家都不写信了，改发微信了。书信已经成为一段温暖的历史，名人书信成为一个时代最有故事的见证。

信札的收藏有很深厚的历史，现在存世的早期书法墨迹遗存和拓本法帖大多数是书信。比如魏晋时，被称为墨皇的《平复帖》、乾隆收藏的三希堂三件墨迹《快雪时晴帖》《中秋帖》《伯远帖》都是书信。随着《见字如面》《朗读者》等传统文化节目的火爆及学界对信札的关注，名人书信的价格逆市上扬。它因为具备书法价值、史料价值、艺术价值、文物价值等多种价值于一身，被学术界和收藏界所青睐。国家图书馆、上海图书馆、湖南省博物馆、中国现代文学馆、各大院校图书馆与档案馆等都收藏了大量的信札。随着社会对信札的考释研究进一步深化，名人信札的价值将进一步提升。北京大学中文系主任陈平原曾表示，名人信札非常珍贵，有着重要的文化意义。随着很多反映重要历史的信札资料的出现，通过学者的不断梳理、补充、修正，可以把历史还原得更加客观、公正，推动甚至改写我们的历史。这是学者的珍贵资料，是收藏家眼里的宝贝。他表示，其实一些书札，其本身的内容意义大于书法的价值，比如徐志摩、周作人、沈从文、巴金的书信或文稿。

除了文化价值，信札也极易保存，不需要像书画一样特别维护。目前信札价格虽然上涨，但还在低谷，与西方信札手稿拍卖交易成熟市场比起来，中国的信札手稿市场发展程度还是有滞后性的，未来还有极大的升值空间。预计 2018 年还有很多有价值的信札，每封市场价格还处于几千元到两万元人民币之间。

笔者非常看好名人信札的前景，近十年来笔者创办的艺术馆也收藏了大量的名人信札，清代的、现代的、当代的都有，包括大家熟悉的梁巘、康有为、李鸿章、张大千、余绍宋、蒋介石、熊十力、蒋经国、杜月笙、沈从文、巴金、梁实秋、艾青、冰心、冯友兰、卞之琳、冯至、姚雪垠、叶君健、肖军、臧克家、黄胄、李苦禅、吴作人、黎雄才、赖少其、孙犁、沈鹏、贺敬之、莫言、铁凝、贾平凹、陈忠实、梁羽生、顾城、刘震云、韩少功、席慕蓉等以及 800 多封九叶派各位诗人之间的相互通信。准备系统整理出版一部名人翰墨类的藏品集。我曾偶尔在市场上出售过一些信札，利润非常可观。投资信札也一定要注意赝品，市场上信札的赝品越来越多，没有特别研究的投资者一定要找高手掌眼、指导。

书画投资需要遵循四条原则：一是高尚的艺术家人品和独特的艺术风格；二是无法取代的高难度技巧；三是具有高度审美的时代性作品；四是要有超前意识，懂得把握先机。

当代中青年艺术家的精品力作因为价格低未来空间大，而且可以和作者交朋友所以赝品少，也值得投资，但一定要选对人、选对精品。当代书画和当代艺术陶瓷可以适量投资，我也收藏过不少当代陶瓷艺术家的作品，但要注意当代很多艺术家包括陶瓷艺术家有很多人名气大的吓人，有些还是专业高校的领导或者大师，但很多是代笔的，根本不是自己创作而是让枪手或者自己学生代笔画的，很多人花几十万甚至上百万收藏到这样的一件作品，就毫无意义。所以投资当代艺术家，一定要多研究、多找圈内人了解该艺术家的人品、口碑、学养、艺术特点，是否抄袭别人，是否有创新能力，是否代笔，再进行少量投资看是否有流通价值后，再决定是否继续投入。总之，收藏是收藏一段历史、一段文化，要看你收藏的人是否能进美术史或者文学史，看他是否有文化。

第二，最具保值功能的品类是海南黄花梨明代家具。

明代家具是中国古代家具史的巅峰，在世界家具史上占有重要地位。它精湛的结构工艺和鲜明的民族风格，把设计功能和精神功能有机地融合在一起，最大的特点是把材料选择、工艺制作、使用功能、审美习惯等融为一体，达到科学性与艺术性的高度统一，具备极高的艺术收藏价值。

从 2010 年以来的拍卖记录看，明代黄花梨家具的拍卖成交价为 2000 万元～7000 万元，总体趋势稳中有升。以其材质的稀缺性、艺术价值功用等诸多特性赢得了顶级收藏家的青睐。

从原材料来源看，原始海黄在国内基本绝迹。从 2000 年至今，全海南岛种植了几十万株黄花梨，这些树木真正成材至少需要 200 年甚至更久。今天的大料已经没有了，现在能找到的不外乎一些只能做手串、茶壶之类的小根料。

第三，最具国际范的艺术品类是明清时期的精品瓷器。

最佳的是清代康熙、雍正、乾隆年间的精品瓷器；次佳的是明代成化（代表作为天价的鸡缸杯）、宣德年间的瓷器作品。

清代康熙、雍正、乾隆三朝的官窑和民窑相互促进，技术迅速提高，品种不断创新。如康熙年间的瓷器在艺术表现上达到了炉火纯青的地步，图案纹饰的时代特征更为显著，以青花和五彩为主的绘画工细精美。康熙年间的瓷器胎土淘炼精益求精，质白坚硬、纯净"似玉"，更兼釉质细润，与胎骨浑然一体。这种"粉白釉""硬亮青釉"特点的胎釉，使康熙年间的釉上彩、釉下彩及色釉显得灿烂缤纷、美不胜收。

第四，最具投资潜力的艺术品是宋元古籍。

宋元时期是刻本的顶峰时期，不过流通量极小，墨迹本多为孤本，且多为文人稿本、手抄本等。不论是作者原稿本、旧抄本，还是原刻本、精刻本，不同版本的古籍收藏价值相差很大。其中，元代及元代以前刻印、抄写的古籍最具收藏价值，甚至某些残本和散页也很受市场的重视。在古籍善本中，未裁本和孤本近几年也开始受到重视，而这两种

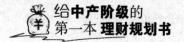
古书的存世量往往比较少。

第五，最稳健的稀缺品是宣德炉。

宣德炉历史厚重、特色突出，既具备实用性，可进入生活，又可用于文人案头把玩。

宋、元、明铜器并不是单纯模仿夏、商、周三代铜器，而是在创新中形成自我风格，并成为中国铜器艺术的又一巅峰，代表作品是宣德炉。宣德年间铸造的各式香炉只有3000座，后经战乱有大批被销毁，流传至今的宣德炉真品已非常罕见。此外，宣德炉的名贵还在于其颜色丰富多彩，有一种从内里透出的奇光，变幻无常。据史料记载，宣德炉有40多种色泽，如藏经色、棠梨色、朱红斑色、枣红色、琥珀色、茶色等。

第六，最具国人情节的奢侈品是田黄。

据保利和中国香港佳士得的拍卖记录显示，田黄石的价格已经拍到了每克7万元。田黄石具备极强的稀缺性和不可再生性；体积小、价值大；可传家、可炫耀、可保值；既可凭借天然美怡情悦性，又可积累财富带来投资利润回报。并且该品类附着中国文化传承与国人情结，受到国内外藏家的追捧。由于多年的开采，田黄石材已趋枯竭，石材价格猛涨。自古便有"一两田黄十两金"的说法。

第七，最考验眼光的品类是玉器、当代陶艺、官窑瓷器、紫砂、贵金属彩塑。

玉器是近百年来国人钟爱的艺术品，蕴含着厚重的文化历史和沉淀，承载了很多中华文化传承和人文情结。当代玉器的鉴定工作比较完备与科学。成品方面，建议关注当代海派、扬州玉雕大师、国家级工艺美术大师的作品。

古代官窑瓷器虽然精美，但技术水平远逊当代，无法精确控制窑温，不能保证烧制达到最佳状态。在造型上，古代传统陶艺匠气太浓；而当代陶艺得天独厚，能够自由创作，更有艺术性。当代陶艺大师多是学院派或美术专业科班出身，艺术修养远胜古代匠人，作品文化性和艺术性更高。另外，当代陶瓷的价格远低于古瓷，且不用担心赝品的问题。投资当代陶瓷要选对人选对其代表作品，还要熟悉其市场价格，因为当代陶瓷市场水也很深，乱象丛生，所以我曾从 2010 年开始连续 6 年每年花 1 个月的时间去景德镇实地考察当代艺术陶瓷市场，还在景德镇居住过 1 年，跟很多陶瓷艺术大师、陶瓷院校的教授成为了好朋友，正是因为我对当代陶瓷的了解才敢投资当代陶瓷，有效规避了很多陷阱，先选人再选作品最后看价格，都做到了胸有成竹，才获得了一定的收益。

紫砂壶具备几个独有的增值属性：原料稀缺性（全世界唯一的原料产地在中国宜兴）；实用性和功用性兼备；受众广，文艺范儿足；跨界艺术价值叠加（紫砂工艺与书画创作渗透融合之作）。几年间，顶级紫砂单品从几百万元炒到上千万元，顾景舟大师的壶被投资公司大量买入，其代表作的价格已达 1495 万元，显然泥料的稀缺性已经不能解释，其文化艺术附加价值才是价值根本所在。当代国家级大师的书画壶代表作值得关注与收藏。

贵金属彩塑是新锐的品类。彩塑是传承了数千载的"塑"与"绘"的巧妙融合。当代金铜彩塑作品沿袭了传统风格的精髓，并在材质和造型上进行了创新。中国工艺美术大师陈毅谦的金铜彩塑作品在 2015 年的嘉德秋拍上崭露头角，值得关注。

综上所述，艺术品投资应根据投资者自身的资金量来选择配置品类。在操作原则上应依据资金情况，资金量大的，可配顶级艺术品，升值空间大；资金量中等的，可配次顶级艺术品，未来可成为顶级艺术品；资金量一般的，可投资持续热门的品类。对于投资艺术品，我有两个心得：一是不能买到赝品，二是要避免投资艺术商品，艺术商品很难有升值的空间，就是个装饰品而已。不管投资任何门类的艺术品，一定要自己多研究多请教这个门类的行家，最好多找几个靠谱的行家朋友参谋，听听多方的意见才下手。另外要注意的是艺术品范围太广，书画鉴定家不一定懂陶瓷，陶瓷鉴定家在信札方面就不一定是权威，所以要选好自己感兴趣的门类专注学习、研究，等这一门有成绩的时候再进入下一门类。

【案例展示】拍卖现场，名人书札一"铭"惊人

物以稀为贵的"稀"字，一方面是藏品存世量稀少，自然珍稀；另一方面是指藏品类型独具个性，世所罕见。恰恰名人书札，在存世量与个性方面，都符合这条收藏品市场"铁律"。不必多言，名人笔下的一张小纸片，或题小诗一首，或写私信一封，或书便笺一张，或抄文稿一页，如今都是不可多得的"宝贝"。名人之"名"，如今真是加上了"金"字旁，成了"铭"，成了收藏与拍卖市场的"座右铭"。试看近年的拍卖记录，真是一"铭"惊人。

2016年5月15日，中国嘉德春拍"大观——中国书画珍品之夜"拍卖专场，曾巩的《局事帖》竟拍出2.07亿元的登峰造极之价格。事实上，曾巩这张"124字"的小纸片，实为他62岁那年写给同乡故人的一封信，距今已有936年。这张小纸片不光年代久远，独具历史价值，名人墨迹的单字价格也因之被刷新，这封古老信札上的每个字作价竟达200万元之巨。在这一见证奇迹的时刻，也将中国成语"一字千金"的神话瞬间改写为"一字百万金"的新说。

除了曾巩的"一字千金"的神话，中国嘉德秋拍的张爱玲于1976

年 1 月 28 日致黄俊东一通仅一页的信札，竟拍出了 70 万元的高价，加上佣金，成交总价达 80.5 万元。这虽不是什么"一字百万金"的天价，却也令人咋舌。须知张爱玲这通信札，不但年代并不久远（距今不过 40 年时间），也根本谈不上什么"书法"价值——此信是用钢笔写在一张薄薄的"洋葱纸"上的，字迹是圆软整洁的"学生体"，毫无"笔法"可言。这通字迹仅 4 行、统共才 70 多个字的信札，达到 80.5 万元的成交总价，也可谓"一字万金"了。

事实上，名人书札的国际拍卖价格一直居高不下，扶摇直上；名人书札的收藏也一直是国际艺术品投资的常规项目。名人书札的全球化价值突显。例如：爱因斯坦给美国前总统罗斯福关于原子弹的信，1987 年在纽约"苏富比"拍出了 22 万美元；丘吉尔的 7 封情书，1994 年在伦敦"佳士德"拍出了 7.68 万英镑；尼克松的总统辞职信，1995 年在伦敦"苏富比"拍出了 8.28 万美元；肖邦给阿尔贝尔伯爵的信，在纽约"苏富比"拍出了 19 万美元；哥伦布描写发现美洲大陆的信，1991 年在伦敦"佳士德"拍出了 44 万美元。从以上拍卖记录中可以看到，在国外，名人书札收藏早已蔚然成风，而且备受追捧。

而在中国，名人书札的全球化价值也在凸显，名人书札拍卖也走过了 20 多年的价值认同、回归与发展之路。在中国，名人书札拍卖始于 1994 年。当年翰海秋拍中有一册 15 通的徐悲鸿信札，估价 10 万元，平均每通约 6000 元，但没能拍出。10 年之后，2004 年 1 月，同样是翰海拍卖会，同样的 10 万元估价，仅 3 通徐氏信札竟以 24.2 万元拍出，每通均价突破 8 万元。中国名人书札的收藏与拍卖经过 20 世纪最后 10 年的沉淀与历练，在 21 世纪开启价值回归与跨越之旅，上述徐悲鸿信札拍卖正是这第一个 10 年历程的生动写照。

2002 年，在中国嘉德秋拍中，"钱镜塘藏明代名人尺牍"最终以 990 万元成交，创下了当时中国古籍善本单项拍卖纪录。2005 年，在上海嘉德秋拍中，郁达夫致王映霞的 8 封情书以 34 万元高价成交。2008 年，在中国书店年春拍中，晚清重臣骆秉章的一封上奏咸丰皇帝的奏折，经过一番激烈竞拍，最终以 30 万元高调落槌。2012 年 5 月 13 日，在中国嘉德春拍中，朱自清的楷书七言诗札以 161 万元高价成交；次日，赵之谦的信札 9 通又成功拍得 120.75 万元；6 月 18 日，在嘉德四季第三十期拍卖会上，赵孟頫的信札 10 通也以 299 万元拍出。在此之后，中国名人书札屡创新高，每件过百万元的成交价格时有出现，参拍者与收藏者也开始"见怪不怪"，不再"大惊小怪"了；收藏市场开始逐渐认可并接受步步走高的名人书札价值体系。名人书札收藏与投资的全球化价值体系在中国正在经历逐步融合、同步发展、跨步飞跃。

事实证明，名人书札的收藏价值已经"显山露水"，无论某些专家是看得懂还是看不懂，无论某些评论家如何一次又一次地跌破眼镜，毋庸置疑的是，越来越多的收藏者与投资者开始跻身名人书札的集藏行列。

第十章
P2P 理财：中产阶级投资理财必看
P2P

　　作为互联网金融时代最重要的分支，P2P 理财的人气与日俱增，已经拥有庞大的投资群体。P2P 理财行业的魅力在于：投资门槛低、收益率高；资金流动性极强；风险性相对较低；各有特色，便于选择；行业内的活动特别多。随着政府对 P2P 理财行业的监管力度加大，监管条例不断出台，行业已逐步走向正规化，部分投资者对行业的信心逐渐加强。

一、想投 P2P 理财却又不敢，你肯定是在担心这几个问题

P2P 网贷行业已经逐渐在规范中做大做强。数据显示，2016 年 10 月，P2P 网贷行业单月实现 1885.61 亿元的整体成交量，同比增长 57.60%。截至 2016 年 10 月底，P2P 网贷行业历史累计成交量为 29650.33 亿元。P2P 在中国已有 10 个年头，在国家监管的春风下越走越远，中国网贷行业景气度依然向好。

现实中，很多人可能已经关注 P2P 网贷行业很久了。然而，就在观望中，财富已经在你犹豫不决时从指缝中悄悄溜走。为什么会犹豫不决，在观望中错过？你肯定是在担心下面几个问题：

第一，国家不认可这个行业？国家如果不认可，则完全可以取缔，为什么还会出台各种监管。监管层给出强力回复，明确表态行业发展会越来越好、越来越规范，甚至在刚刚结束的 G20 峰会上，中国国家主席习近平还在提倡互联网金融、普惠金融。

第二，P2P 网贷平台卷款跑路？行业监管明确要求平台完成资金与银行存管合作，明确平台信息中介性质，网贷 P2P 平台根本接触不到

投资者的资金，哪来的卷款跑路？

第三，P2P 理财收益率高，是不是不安全？认为 P2P 理财收益率高，那肯定是在跟银行做比较。汽车比自行车快，动车比汽车快，飞机比动车快，并不是速度快的风险就大，因为运作原理不一样。P2P 网贷解决了中小企业融资难、融资贵的问题，并且行业整体降低加速，利率也是随市场变化而变化的。假如 9 月份不进行投资锁定收益，那么 10 月份行业平均收益率将正式进入 9 时代，以后可能到 8 时代、6 时代、5 时代。

第四，借款人不还钱怎么办？现行监管明确指出，单个借款人在一个 P2P 网贷平台上的借款上限是 20 万元。意为重回普惠金融本质，小额分散出借的平台将迎来春天。并且平台更多地和担保公司、会计师事务所、律师事务所合作，并且严控风险，足以保证投资者的资金安全。

或许你还有其他担心。其实，你所考虑的这些问题，国家监管部门已经考虑过了；你所担心的，国家已经出台法律法规进行了说明；你所犹豫的，无数的 P2P 投资者已经证明，这种理财是最适合当下的。请不要与趋势逆行！

二、选择靠谱的 P2P 网贷平台需要注意哪些细节

P2P 网贷于 2010 年初入中国，第二年便伴随余额宝的兴起而渐渐火爆，而随着 2013 年年底平台倒闭跑路事件时有发生，P2P 闭着眼睛投资的时代已经结束，现在投资 P2P 网贷是一件很专业的事情。选择 P2P 网贷平台，胆大心细才是根本。表 10－1 中所示的是挑选一个靠谱的 P2P 网贷平台需要注意的 10 个细节。

表 10－1　　　　　　挑选靠谱的 P2P 网贷平台需要注意的 10 个细节

事　项	内　容
平台背景	纵观改革开放近 40 年，中国的经济就是一个"政策市"，P2P 行业也不例外，有一个大靠山，总是相对安全的。平台背景的优先等级如下：优等生是政府背景、银行金融集团背景、成熟的高级民兵背景；其次是持牌的小额贷款公司和融资性担保公司背景；再次是非融资性担保公司、投资公司、典当公司、财富公司、资产管理公司、私募股权基金等背景；最后是普通的金融咨询服务公司、电子商务公司、网络科技公司等背景

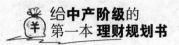

续表 10 - 1

事　项	内　容
所在地区	融资规模反映经济活跃程度，一个地区的经济越活跃，社会的融资需求就越大。央行发布的 2013 年社会融资规模的统计数据显示，融资规模前 6 名分别是广东、北京、江苏、山东、浙江和上海。选择这些区域出现的平台，融资需求的真实性要可靠一些，优质的借款人也要多一些
业务结构	目前网贷可以分成两类：一类是真正的 P2P，即个人对个人；另一类是 P2B 或 P2C，即个人对企业。P2P 的特点是借款人为个人，借款额度小、风险分散，适合新人和散户投资者；而 P2B 的特点是借款人为企业，借款额度大、风险集中，适合那些了解平台和相关产业情况的专业投资者
利率水平	风险总是和收益成正比的，但在 P2P 行业中，利率低的并不比利率高的更安全。因为影响利率水平的因素很多，除了运营综合成本，主要的影响因素是平台放贷水平和风控能力。各平台的业务结构不一样，市场环境不一样，放贷水平也不一样，风控能力更不一样，不同时期的运营策略也不一样，所以利率高低并不体现安全性，在合理的利率范围内，没有好坏之分，只有适合与否。现阶段如果超过 24% 的利率，那么投资者应该警惕
信息披露	项目信息对"游客"不可见，猫腻高，甚至文件披露不全，要么证明平台运营及风控水平不足，要么证明平台有意隐瞒借款项目的细节，两种情况都在暗示安全隐患猛增

续表 10-1

事　项	内　容
谁在经营	一般平台都会展示自己的管理团队。当然有政府、金融集团背景的平台除外，因为平台不属于管理团队，行业前几名的平台展示的必要性也不大，因为它们已经具备了一定的规模，相对安全。对于一些不知名的平台，看看管理团队列表，了解经营者的背景，还是很重要的。能够展示团队背景，至少反映经营者不怕身份曝光，不是主观商业欺诈行为。当然，造假和空话连篇的例外。笔者见过这样的例子，在团队背景中，除了姓名、年龄是有效信息，其余内容都是愿景，各种阳春白雪，这样的介绍毫无意义。不要太迷信那些让人眼花缭乱的所谓"外资金融机构"工作经验、券商、银行等，金融机构也不是铁板一块，里面的分支林林总总。隔行如隔山，做券商和做银行不是同一个概念，即便同样做信贷，做 10 亿元的和做 10 万元的标准完全不一样，10 亿元的做得好，10 万元的却不一定
经营模式	现在平台的经营模式有多种，保障措施也各异。模式本身并无优劣之分，关键看平台宣传得是否清晰，是否能将模式、安全保障措施、各方责任、费用等情况准确说明。每个平台都有一些短板，需要包装可以理解，但把所有的过程都包起来或者偷换概念，就不合适了。常见的伎俩包括把项目包装成无风险的理财产品、保障方式的描述模棱两可、赔付条件不清晰等
借款规模	对于个人信用借款，单笔金额 10 万元以下比较合理，实力强一些的平台稍微高一点，控制在 30 万元以内；对于企业借款，一般控制在几百万元左右，这样的规模还是可以持续的。当然，规模特别大的平台除外。借款周期一般从 6 个月到 12 个月，毕竟 P2P 的资金使用成本还是很高的，不管是个人还是企业，都无法长期承受 P2P 的成本

续表 10 – 1

事 项	内 容
合作方	平台一般会列出合作机构，其中包括第三方支付机构、担保公司、小贷公司、风控评级机构等。有些平台会把合作机构吹到天上，这时候就要注意了，因为这些机构可能不像宣传中的那么强。即使名气很大的机构，是不是真的与平台合作，要找到确凿的证据才行
有无风投	如果一个平台拿到了风投，则只能说明资本市场比较看好这个平台，它并不是评价一个平台是否安全的唯一标准。但总的来说，拿到风投的平台可以有资金增强在风控、系统建设等方面的实力，对平台还是利好的。但也有可能拿到投资的钱后，在冲业绩和规模方面的压力更大，可能不能按照原有的战略意图发展，规模扩张过快。所以最终还是要看平台自身的经营

　　最后给出一点建议：近年 P2P 理财平台跑路的也不少，大家要学会鉴别。另外不要贪恋高息，骗子的手段并不高明，多用基本经济常识进行判断，提高自身的能力，彼岸就在前方。

三、P2P 理财投资收益怎么计算

很多 P2P 投资者虽然涉足这一行业，但其实并不是很清楚 P2P 理财投资收益是怎么计算的。这里借助专业理财师提供的资料，说一说 P2P 理财收益的计算方法，如表 10 - 2 所示。

表 10 - 2 　　　　　　　　　　P2P 理财投资收益的计算方法

计算方法	概念解释	实例说明
等额本息	指的是将借款人的本金与最终的利息相加计算总额，然后再除以约定的还款期限，平均偿还给投资者	某借款项目的借款周期为 3 个月，年化收益率为 12%，而某位投资者投资了 1 万元。那么，按照等额本息计算，借款人应还这位投资者的费用为：本金（10000）＋利息（10000×0.12÷12×3）＝10300（元），平台每月还给投资者的本息为 3433.33 元
等额本金	指的是借款的本金按照投资期限平均分成几部分，然后每月返还同等的本金给投资者，利息需要在扣除上一个月已经返还的本金的基础上重新计算	某借款项目的借款周期为 3 个月，年化收益率为 12%，而某位投资者投资了 1 万元。那么，本金 10000÷3 个月 ＝3333（元）（最后一个月为 3334 元）：第一个月还 3333＋利息（10000×12%÷12）＝3433（元）；第二个月还 3333＋利息（10000 - 上个月 3333 元）×12%÷12 ＝3399.67（元）；第三个月还 3334＋利息（10000 - 3333 - 3333）×12%÷12 ＝3367.34（元）

续表 10 - 2

计算方法	概念解释	实例说明
先息后本	指的是先按约定的期限支付利息给投资者,到期再归还本金。约定的期限较多是以"月"计算的	某借款项目的借款周期为 3 个月,年化收益率为 12%,而某位投资者投资了 1 万元。那么,投资者第一个月收到的利息为本金 10000 × 年化收益率 12% ÷ 12 × 1 个月 = 100(元),第二个月收到的也是 100 元利息,到第三个月收到本息 10100 元
一次性还本付息	指的是在投资周期开始前,投资者出借本金,等到投资周期结束的那天,本金与利息一同还给投资者	某借款项目的借款周期为 3 个月,年化收益率为 12%,而某位投资者投资了 1 万元。那么,投资者在 3 个月后,可获得的本息总额为:本金 10000 + 利息(10000 × 12% ÷ 12 × 3)= 10300(元)

　　由上述内容看出,不同的还款方式,利息的计算方式也不同,最后所获得的收益也不太一样。投资者要想获得比较好的收益,就要清楚每一种还款方式,最后选择适合自己的理财方式,从而获取更多的收益。

四、P2P 理财风险类型及防范措施

就像任何投资都存在风险一样，P2P 理财风险主要有几类，从高到低分别是跑路风险、坏账风险、逾期风险、流动性风险、政策风险。下面分别进行简要说明，并提出相应的防范措施，如表 10－3 所示。

表 10－3　　　　　　　　　　　P2P 理财风险类型及防范措施

风险类型	类型定义	风险来源	防范措施
跑路风险	这是 P2P 行业目前最大的风险，也是最常见的风险。本质是平台在骗取资金后，玩人间消失，让投资者欲哭无泪	这种风险产生的原因一般都是成立平台的人本来就是来诈骗的，他们往往用高息来吸引客户，大部分项目也是虚构的，吸引来的资金会被转移，落入自己的腰包	对于这种跑路平台，其实从一些表面的特征中就可以识别出来。比如：网站做得很山寨；核心团队的介绍很低级，层次普遍不高；往往给出很高的利息来吸引人；项目披露的信息简单，缺少证明文件；没有做资金托管；运营时间短。有以上特征，就要引起警惕，不要去投，跑路风险极高

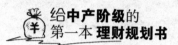
续表 10 - 3

风险类型	类型定义	风险来源	防范措施
坏账风险	平台从投资者那里募集了资金,然后发放给某个借款人,结果到期后借款人由于各种原因无法还款,并且没有还款的可能,比如借款人的企业破产了。在无法还款的同时,借款人也没有抵押物可以处置,或者虽有抵押物,但抵押物已经抵给了别人,这时坏账风险才成立。即借款人无法还款,同时没有其他抵押物可以用来补偿	坏账风险通常是由于平台审查不严,风险控制不到位、不专业造成的。比如,平台没有详细调查借款人的银行信用记录,也没有办理抵押或者质押手续。这种平台一般没有欺诈的企图,只是团队能力较弱,没有信贷方面的资深人士,过于冒进。一些知名的互联网公司旗下的平台出现问题就属于这种情况	如何识别平台的坏账率是一个较难的课题,因为这是一个绝密的数字,平台都不会对外公布。一种可行的方法是看这个平台主要的项目都集中在什么领域。如果集中在房地产领域或者加工制造业,那么风险就比较大。另外一种方法就是看看逾期的情况多不多,如果经常逾期,那就说明项目出问题的概率也比较大
流动性风险	账户里的钱提不出来。大部分 P2P 平台都会给你一个虚拟账户,先充值后投标;还款也是进入这个虚拟账户,然后你可以提现。所谓流动性风险,就是你去提现时发现提不出来,然后平台用各种理由来搪塞。最后实在不行了,才告诉你银行账户没钱了等	这种平台肯定是搞资金池的,只有搞资金池才会出现这种有钱提不出来的情况。所谓资金池,就是你的钱直接进入平台的银行账户,然后由平台来调配资金。这是国家明令禁止的行为。在这种情况下,平台挪用了资金去做其他事情,比如挪用资金去炒股,结果这两天股市暴跌,那么这个窟窿肯定补不回来,就会出现提现困难或者限制提现等情况	这种搞资金池的平台一定要远离。识别的方法也很简单,即看它有没有做资金托管。是否做了资金托管,可以向做托管的第三方支付机构求证,在网站上也可以查到

续表 10 - 3

风险类型	类型定义	风险来源	防范措施
逾期风险	借款人无法按时还款。相对于坏账风险，逾期风险要小得多，即借款人能够还钱，只是无法在约定的时间还；或者即使还不了，也可以变卖他的资产来还款	这种风险主要还是由于平台的风控措施不力，在贷后的跟踪上没有尽早发现问题。比如，到该还款的前一天才知道借款人没有钱还，那肯定无法采取任何补救措施了	投资 P2P，逾期有时候很难避免。尽量选择专业化且均有抵押或者质押物的平台，少投信用标。如果一个平台中的合伙人都没有过硬的信贷工作经历，那是绝对不能投的
政策风险	国家出台管制措施，让不符合条件的平台歇业	这种风险不是主要的风险	选择注册资本在 3000 万元以上、不做资金池、不做自融的平台，基本上没有这个风险

【案例展示】P2P 理财投资获得理想月标收益的案例

近年来，人们的理财观念逐步增强，特别是低门槛、高收益、简单便捷的 P2P 理财方式相继出现。随着理财手段的不断多元化，P2P 一词逐渐取代各种"宝"类理财，被人们越来越多地提及，更让理财成了人们生活中必不可少的一部分。下面我们就一起来了解一些 P2P 理财投资获得理想月标收益的案例。

案例一：张女士 P2P 理财投资获得理想每月标收益

张女士每月工资为税后 8000 元，除去平时生活所用，每月能存 5000 元。她是在 2014 年接触 P2P 理财投资的，通过朋友介绍来投资排队贷。此前，她手里已经有了 4 万元的存款。下面是她的投资记录与收益记录：

第一个月，年化收益率为 18%，月收益率就是 1.5%，投资了 4 万元，收益为 600 元。

第二个月，年化收益率为 18%，月收益率就是 1.5%，投资了 4.56 万元，收益为 684 元。

第三个月，年化收益率为18%，月收益率就是1.5%，投资了5.128万元，收益为769.2元。

第四个月，年化收益率为18%，月收益率就是1.5%，投资了5.705万元，收益为855.85元。

第五个月，年化收益率为18%，月收益率就是1.5%，投资了6.29万元，收益为943.5元。

第六个月，年化收益率为18%，月收益率就是1.5%，投资了6.89万元，收益为1033.5元。

则张女士用4万元的本金，投资排队贷半年年化收益率为18%的月标，共获得收益4886.05元。

案例二：李先生P2P理财投资获得3月标收益

李先生从事自由职业，每月收入在5万元左右。平时有闲钱的他喜欢做一些投资理财，通过朋友介绍来投资排队贷。下面是他的投资记录与收益记录：

第一个3月，年化收益率为20%，月收益率就是1.8%，投资了20万元，收益为1万元。

第二个3月，年化收益率为20%，月收益率就是1.8%，投资了31万元，收益为15500元。

第三个3月，年化收益率为20%，月收益率就是1.8%，投资了45万元，收益为22500元。

则李先生投资排队贷3次年化收益率为20%的3月标，共获得收益48000元。

通过以上两个例子，相信大家对P2P理财都有了更全面的了解。

但在这里提醒大家，由于 P2P 理财存在上文提到的风险，因此在做
P2P 理财时不要被高收益率冲昏了头脑，需谨慎投资并做好风险
防范。

第十一章
信托理财：中产阶级必知的财产管理制度

信托理财是指委托人基于对受托人的信任，将其财产权委托给受托人，受托人按委托人的意愿以自己的名义为受益人的利益或者特定目的进行管理或者处分的行为。其核心内容是"得人之信，受人之托，履人之嘱，代人理财"。信托理财是一种财产管理制度，中产阶级有必要了解这种制度。专家认为，信托理财非常适合中产阶级的中期资产配置。作为有钱而没有时间理财的中产阶级，信托理财的中期资产配置需要在考虑安全性和稳定性的同时注重一定的收益性。

一、信托理财和银行等理财有哪些区别

　　信托产品具有起点高、风险低、收益率较高、持续投资方便简洁、流动性较差、投资方式灵活等特点。现在市面上有许多理财产品，主要包括银行理财产品，股票、基金、证券类产品，保险产品，有限合伙基金，私募基金等。下面我们就来看看信托产品与这些理财产品的区别（见表 11 - 1 至表 11 - 5），以便更好地理解信托理财这种方式。

表 11 - 1　　　　　　　　**银行理财产品 VS 信托产品**

序号	内　容
1	投资门槛较低，一般是 5 万元起。银行理财属于大众理财，认购方便，甚至在网上可以直接下单
2	安全性好，收益率低。银行理财产品有着较高的安全性，但收益率低是其硬伤。如果产品说明有保本字眼，则收益率也就是 3% 左右；没有保本字眼的，收益率也很难达到 5%。银行理财产品的收益率很难赶上通胀率。原因大致有两个：一是资金门槛较低，失去议价能力，超额收益通常要归银行；二是银行经营成本较高，银行网点众多，还是临街商铺，租金成本和人力成本都不低，肯定需要较高的利润支撑

续表 11－1

序号	内　　容
3	流动性较强。银行理财产品很少有 1～2 年期的，基本是 30 天、3 个月左右，期限非常灵活，方便随时认购
4	银行网点众多，也知道客户的详细信息，在老百姓心中的信任度较高，这是银行最大的优势。和银行合作具有较大的优势，保险、证券、信托、基金、投资公司等也乐于和银行合作。因此，在银行选择理财产品时要区分是银行自己的理财产品还是其他金融机构的产品。要认准合同是否有银行的公章，如果是银行代销机构的产品就要十分谨慎，有时候销售人员是没有明确说明的，因此，在银行买理财产品时要仔细辨别金融产品出品机构
5	银行一般不大愿意公开代销信托产品，大概是银行宁愿大客户做存款，或者买它们的理财产品。即使在银行可以买到信托产品，收益率也普遍较低。此外，个别有也是小信托公司的产品，这类产品一般是银行推荐的，信托公司仅仅是通道而已，小信托公司的费用比较便宜，银行乐于合作，因为银行需要赚取较大的利润差。银行之所以愿意代销，往往是因为有较高的佣金。信托产品的佣金现在普遍较低，尤其是品牌较好的信托公司的产品，银行就更不愿意代销了
6	银行理财产品募集的资金很大一部分是直接投资于信托项目的，其规模占了信托规模的 1/3。因为信托投资门槛较高，信托产品在银行里就被拆成了小额理财产品，从中银行可以赚取 5% 左右的利差，甚至更高。中间业务是银行利润的三大支柱之一

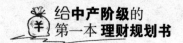

表11-2　　　　　　　　　　**股票、基金、证券类产品 VS 信托产品**

序号	内　容
1	证券市场成为上市公司、券商和投资机构圈钱的工具，没有为股民实实在在地创造价值。证券市场的低迷也严重殃及证券类信托产品。现在定向增发类信托产品全面亏损，平安信托代理的多款证券类私募基金也全面亏损，多个辉煌一时的投资机构和明星基金经理黯然失色。中国股市需要重树形象和金融信心还有十分漫长的路要走
2	一些敏感的投机者及时把证券市场的资金撤出来转移至信托投资。这部分人是非常有眼光、十分睿智的投资者。他们不仅在股市投机中圈到了钱，还及时退出，并在信托投资中进一步保值增值
3	经济上升周期，和大的金融机构合作、选择品牌好的基金经理、购买证券类产品还是可以的。一是省心省力，自己炒股整天看 K 图、听股评会影响工作和生活；二是品牌好的基金公司或者基金经理毕竟专业，无论是在技术上还是在信息上都远比我们个人强，风险也低很多，关键是基金经理的历史业绩和投资风格和自己比较一致即可

表11-3　　　　　　　　　　**保险产品 VS 信托产品**

序号	内　容
1	购买门槛低。保险产品几百元、几千元就可以买，即使保险中偏重理财的产品，其认购门槛也只有 1 万元~2 万元，属于大众化的产品

续表 11 - 3

序号	内　容
2	安全性最高。保险资产受法律保护，具有免税逼债的功能。美国安然公司领导人肯莱恩夫妇在破产前花 970 万美元购买了保险，这笔钱是其唯一没有被法院冻结的资金，他们依靠这笔钱每年领着几十万元安度万年。保险不能改变你的命运，但可以让你的命运不被改变
3	收益率较低。保险资金的投资领域严重受限，保险以保障为主，投资不是保险的优势。早期的生存金比起保费似乎很高，但其实是保费的一部分变成生存金给你的，如果你退保就亏了。这和信托产品有天壤之别。毕竟保险的重要功能是保障，投资不是其强项。保险可每年分红，而且分红可以随时取走，这有点类似于信托，但整体收益率没法和信托比
4	保险虽然分红可以随时取走，但如果早期要拿回本金则是吃亏的，也就是退保就要承受亏损。信托产品期满就可以拿回全部本金，收益率按照约定支付。建议购买保险产品以保障为重，如身故保险金、重疾保障、住院医疗保障等。对于资金额不高的，如为孩子准备教育储蓄，买保险的分红险还是可以的，从长远来看，收益率比银行理财高一些

表 11 - 4　　　　　　　　　　**有限合伙基金 VS 信托产品**

序号	内　容
1	投资门槛较高，和信托类似，多数是 100 万元起步，个别会有较低的，但也要几十万元。通常一个项目只有不到 50 名有限合伙人

续表 11-4

序号	内 容
2	有限合伙产品现在多了起来，这些项目基本是银行和信托筛选下来的。在产品的设计上基本采用信托的设计，比如结构性设计，有融资方、担保方介绍，也有项目评估和抵押等，产品和信托雷同。之所以没走信托通道，一般有三个原因。一是交易对手没有达到信托的准入门槛，比如房地产信托规定必须满足"432"条件（四证齐全，30%投资本金来自融资方，融资方至少拥有二级及以上开发资质）等，且融资方的整体实力、金融信誉、资产负债情况和财务状况等不符合信托标准。二是轻资产融资主体，比如农业、矿业、贸易类，融资方一般没有足额的实物质押。信托的质押率通常要控制在50%以下，哪有那么多企业有这么多的实物可以质押。三是有意回避信托的严格监管。信托项目要履行尽职调查，还受银监会监管审批，财务都要被信托公司严格监管（信托公司一般会派财务人员控制资金的使用）。而且信托项目还处在社会公众的严格监管下，有什么风吹草动，媒体就会炒作。项目发起人是不愿意自己的项目受到这么多监管的
3	选择有限合伙基金客观上要比信托承受更大的风险。有限合伙基金的风险主要来自两个方面。一是信息不对称。虽然有限合伙基金也有类似信托的项目尽调和风控、信息披露等，但毕竟不受严格监管，会有信息不对称的情况，有限项目发起人可能会隐蔽一些风险和对投资人不利的信息。比如财务尽调只是堆积数据而已，和实际情况不相符，会隐蔽融资方一些金融信誉或者社会信誉方面的信息等。二是万一投资失败则自负盈亏，不像信托那样有一个受托人帮你处理。信托处在社会、媒体的监管之下，一有风险媒体就会炒作，这样一来，信托公司和融资方，甚至当地政府都输不起，会想尽办法帮你化解风险。而做有限合伙投资显然没有这种优势，真的输了只能官司慢慢打、自己舔伤口

续表 11 - 4

序号	内　容
4	不过我们不能完全否定有限合伙形式，它在盘活金融投资上还是有积极作用的，其中不乏较为优质的项目。第一，尽量选择自己熟悉的投资领域。项目领域比较熟悉，对于项目价值好做判断。第二，尽量选择优质的基金公司。口碑好的基金公司对项目的判断比较客观。第三，尽量选择有社会影响力的普通合伙人或者交易对手。有影响力的普通合伙人或者交易对手会比较注重维护自身的品牌效应，不敢轻易违约，因为一旦出事，闹大的可能性比较大。第四，选择口碑好的理财机构。口碑好的理财机构一般都有自己的风控部，即使有限合伙产品也会独立评估，对推荐产品比较谨慎，毕竟关系到自己的品牌

表 11 - 5　　　　　　　　　　　　　　**私募基金 VS 信托产品**

序号	内　容
1	概念不同。私募基金是私下或直接向特定群体募集的资金；而信托是一种财产管理制度，是由财产所有人将财产移转或设定于管理人，使管理人为受益人的利益或目的而管理或处分财产
2	风险承担能力不同。信托公司一般都由一定规模的真实资本组成。信托的管理办法规定，对于未能履行受托人义务而给受益人造成损害的，要用自有资金进行赔偿，而且信托公司也确实有一定的赔偿能力。但私募基金就很难说了

续表 11 - 5

序号	内　　容
3	操作过程不同。在操作过程中，信托设立后有一个固定的信托池，这些信托资金没有放大的功能；但有些私募基金就不同了，可能它自己原来只有 100 万元，向投资人承诺有 10% 的收益率后就可以获得 1000 万元，再拿着 1000 万元的资金去找 1 亿元、10 亿元，通过这种方式资金池就可以无限放大
4	契约关系不同。私募基金通过基金契约或基金章程明确当事人之间的法律地位与权利义务，对所有的投资者应一视同仁；而资金信托则通过合同来联系当事人双方的关系，需与每位委托人签订合同，明确双方的权利和义务，如委托期限、相关费用、盈亏责任等

　　看完以上内容，大家对于私募和信托的了解有所增加吗？一般来说，信托计划的运营期会比私募更长，在选择时最好结合自身情况而定。

二、信托投资理财产品怎么选

信托投资理财产品具有一定的优势，那么，该如何选择信托投资理财产品？

信托这个产品之所以能够创下如此大的规模，其中除了收益率，就是这个行业的刚性兑付。也就是说，即便借款企业没钱付了，信托的发行方、担保方等都会想方设法把钱还上。

信托的刚性兑付并不是一个硬性条款，而是信托公司等为了维护自己的信誉，自行兜底。要知道，这一行就是靠信誉吃饭的，一旦出现了不给客户钱，很可能就会引发连锁反应。所以不管怎么难，很多公司都会先想办法兜底，然后再想办法去找企业求偿。

从这个角度来看，选择信托就要把握以下几点：

第一，投资者要认真考量信托公司的诚信度、资金实力、资产状况、历史业绩和人员素质等各方面因素，从而决定某信托公司发行的信托产品是否值得购买。要找实力雄厚的公司，比如说平安、中信之类的，宁可收益率低一点，投资者也不要放大风险。为什么？因为中小信托公司虽然收益率略微高一点，但是兜底能力差，万一出现风险，就可能导致本金损失。行业已经喊了几年要打破刚性兑付，说白了就是不想给兜底，要是因贪图一点收益率而遇上这种事情就不划算了。

第二，要考察信托项目担保方的实力。如果融资方因经营出现问题而到期不能"还款付息"，那么预设的担保措施能否有效地补偿信托"本息"就成为决定投资者损失大小的关键。因此，在选择信托理财产品的时候，不仅应选择融资方实力雄厚的产品，而且应考察信托项目担保方的实力。一般而言，银行等金融机构担保的信托理财产品虽然收益率相对低一些，但其安全系数却较高。

第三，要预估信托产品的盈利前景。目前市场上的信托产品大多已在事先确定了信托资金的投向，因此，投资者可以透过信托资金所投资项目的行业、现金流的稳定程度、未来一定时期的市场状况等因素对项目的成功率加以预测，进而预估信托产品的盈利前景。

第四，在参与信托项目时，要看看借款企业的资质，最好是有国资政府背景的，这样可以多一道保障。地方政府一般和国企关系密切，如果发生到期不能"还款付息"的情况，那么地方政府大多会从维稳的角度协调关系。从行业来看，现在不太景气的煤炭、矿业方向的投资最好谨慎一些。至于其他的信息，因为发行方都经过了层层包装，投资者实际上也很难看出个所以然，参考一下即可。

第五，从各类信托理财产品本身的风险性和收益状况看问题。信托资金投向房地产、股票等领域的项目风险较高，收益率也较高，比较适合风险承受能力较强的年轻投资者或闲置资金较丰裕的高端投资者；投向能源、电力、基础设施等领域的项目则安全性较好，收益率相对较低，比较适合运用养老资金或子女教育资金等长期储备金进行投资的稳健投资者。

投资有风险，理财需谨慎。投资者应根据自己的财务实际情况和风险承受能力，再根据自己意向的收益率水平去选择适合自己的理财方式和产品。

三、怎样选择安全可靠的信托公司

信托的门槛相对高一些，投资的金额要求比较高，因此，在选择信托公司的时候，更要谨慎小心。目前市场上有很多信托公司，形形色色，让人眼花缭乱，其中不乏骗子信托公司。因此，在选择信托公司的时候，投资者一定要小心谨慎，要有一双火眼金睛，选择安全可靠的信托公司。那么，什么样的信托公司比较可靠呢？下面就来给大家说一说。

第一，央企系信托。有的信托公司是由央企投资成立的，如中石油控股的昆仑信托、华电集团控股的华鑫国际信托、中化集团的外贸信托等。央企系信托的产品风格在所有信托公司里是最保守的，它们的管理层收入是由总公司来分配的，如中铁信托总经理的收入是由中铁来分配的，而外贸信托总经理的工资是由中化来支付的。几乎固定的收入让他们没有动力去参与风险高的项目，而在年初就制定好的预算也让他们只有完成和完不成之分，完成的多少对个人收益影响不大。但是如果出现问题，则会牵涉其中。

第二，银行系信托。有银行背景的信托公司目前共有三家：建设银行成立的建信信托、兴业银行成立的兴业国际信托、交通银行成立的交行信托。毫无疑问，银行系信托的强势在于对信托项目的资金风控上。

第三，地方财政系。很大一部分信托公司的背景是地方政府财政局，如很多地方性的信托公司等。其产品特点是集中在其地方政府财政局管辖区内企业融资的需求，而且往往会加入一些政府部门财政隐含的担保。

第四，民营系。民营机制的信托公司也不在少数，如金汇信托、粤财信托等。此类信托公司市场化程度更高，产品的理念、迎合市场的创新程度也更高。

不同类型的信托公司，它们的风险、收益率也不同，各位投资者一定要根据自己的实际情况和风险承受能力选择最适合自己的信托公司。

四、如何规避信托理财中的风险

虽然信托理财风险低，但不代表没有风险，尽管每家信托公司都有相关的风险控制措施，但还是有影响信托理财产品收益率的因素存在。通常把握好以下两点，信托风险大都可以规避。

第一，信托理财别忘风险。信托公司按照实际经营成果向投资者分配信托收益，信托理财风险体现为预期收益率与实际收益率的差异。投资者既可能获取收益，也可能使本金亏损。

产生风险有两大类原因：一是信托公司已经尽责，但项目发生非预期变化；二是信托公司消极懈怠，或违法违规操作。由于现在信托业处于发展初级阶段，信托公司都着重于建立良好的理财业绩以及树立知名度，所以目前出现第二类原因的可能性较小。至于第一类原因，最能反映信托公司的理财水平。这类原因又可以细分出许多具体原因，如利率变动、销售失败、履约人无力履约、债务人破产、政策法规改变等。每个具体原因出现的概率也不同，可能造成的损失程度也不一样。

判断信托产品的风险，需要根据信托资金的投向，具体分析风险的大小，由委托人做出判断和选择，不能一概而论。从理论上讲，信托理财风险可以根据各种标准大致由小到大排序。根据资金投向行业风险衡量，依次为货币市场、债券、垄断性项目（如基础设施等）、竞争性行业、房地产、MBO 融资、企业并购融资、股票、期货；根据流动性风险（受偿先后顺序）衡量，依次为有抵押债权、无抵押债权、优先股权、普通股权；根据控制项目的力度风险衡量，依次为控股、参股、贷款；根据信托期限风险衡量，时间从短到长。这是一个定性的排序，不是精确的定量计算结果，仅供投资者参考。

因此，委托人在行使投资信托产品决策权的时候，既要详细阅读信托产品的相关材料，以便充分了解信托资金运用的有关情况，也应具有承担信托风险的能力。

第二，看信托产品本身的盈利前景。目前市场上推出的信托产品大多为集合资金信托计划，即事先确定信托资金的具体投向。在选择信托产品时要看投资项目的好坏，如项目所处的行业、项目运作过程中现金流是否稳定可靠、项目投产后是否有广阔的市场前景和销路。这些都隐含着项目的成功率，关系着你投资的本金及收益是否能够到期按时偿还。对于信托公司推出的具有明确资金投向的信托理财品种，投资者可以进行分析。

有的信托公司发行了一些泛指类信托理财品种，没有明确告知具体的项目名称、最终资金使用人、资金运用方式等必要信息，只是笼统介绍资金的投向领域、范围，因而不能确定这些产品的风险范围及其大小，也看不到具体的风险控制手段，投资者获得的信息残缺不全，无法进行独立判断。对于这类产品，投资者需要谨慎对待。

【案例展示】关于家族信托的一个真实案例分享

如何让自己打拼一辈子的财富很好地交接给下—代是中产阶级的烦恼，家族信托成了解决这个问题的一个良策。下面就来讲解一个有关家族信托的真实案例。

2012 年，家住北京昌平的张松（化名）老先生和老伴儿在年逾古稀之际却遭遇了人生中最大的不幸——一场车祸让他们失去了唯一的儿子。张松的独生子已婚配并育有两子。这两个孙子成了老两口唯一的生活寄托。但儿媳年仅 28 岁，两个孙子分别只有 1 岁和 3 岁。早年经商创业顺风顺水，老两口积累下数亿元资产。一旦儿媳改嫁、孙子改姓，或者孙子长大后不成才，家业如何继承成为张松夫妇俩面临的巨大挑战。经多方考察，老夫妇决定出资 5000 万元设立家族信托，并约定它的受益人为其两个孙子及其"直系血亲后代非配偶继承人"。

这份信托投资于稳健的金融资产，涉及受益人的内容主要有五个方面：第一，除非患有重大疾病，受益人在未成年之前对本金和收益没有支配权，在未成年之前只能运用信托财产的收益来支付必要的学习支出；第二，18 岁~25 岁，受益人可以支配收益，但不能支配本金，25

岁以后本金和收益均可自由支配，但须兄弟和睦、一致决定；第三，若受益人改姓或在张松夫妇去世后的清明节"不祭扫"等按社会公序良俗标准未尽孝道，受益人丧失对本金和收益的支配权；第四，一旦受益人死亡，受托资产捐给慈善机构；第五，受益人成家立业后，本金和收益按两人所生育的继承人数量按比例分配。

这份签署于2013年的"家业恒昌张氏家族单——资金信托计划"成为北京银行私人银行的第一份家族信托计划。通过这份资金信托计划，失独的张松夫妇"家业恒昌"的愿望有了最基本的保障。

如今的社会富二代越来越多，在这一现象的背后有一个普遍存在的问题，那就是财富如何延续，而家族信托的出现很好地解决了这一问题。上面的例子证明，家族信托成了很多富人包括中产阶级乐于接受的一种财富传承方式。

第三部分

他山之石：中产阶级
理财案例分析

前面我们讨论了中产阶级投资理财的顺势和原则，讨论了投资理财渠道与解决方案这样的落地措施，在这一部分我们讨论中产阶级投资理财案例，一方面为投资理财展示实证，另一方面为中产阶级提供学习借鉴的范例。所谓他山之石，旨在于此。

　　成功案例的分析不在于分析案例的出处，而是分析案例的思路。比如，分析中产阶级个人养老规划案例，给出的是不同年龄阶段财务规划的具体建议；分析中产阶级二胎家庭的案例，给出的是如何应对财富缩水、提前准备资金的具体建议；分析中产阶级新消费投资理财案例，给出的是新消费模式和新方法，揭示的是消费再创价值的良性循环。人要有超前思维、细节思维等，成功的案例就是如此。

第十二章
中产阶级如何赚够养老钱案例分析

很多认为自己很幸福的人笑谈，留啥钱啊？全部给小孩结婚好了！中国人的传统思维是：一切为了下一代。然而，等到中年人步入老年后，子女孝顺是一回事，能否有实力解决父母的养老是另外一回事。同时，从目前来看，国家的统筹养老退休保险金无法满足大多数人退休生活质量的要求，也跟不上 GDP 的增速。所以，随着年龄阅历的增长，开始步入中产阶级的群体在力所能及的时候为自己的将来考虑筹谋是非常必要的。本章的中产阶级养老理财案例可以给我们提供学习借鉴的范例。

一、中产阶级个人养老规划案例解析

陈先生 40 岁时选择了益富 25 年期计划（益富计划的投资周期为 5 年、10 年、15 年、20 年和最长 25 年，适合有稳定收入的中产家庭作为退休养老规划工具之一），供款年期为 25 年，每年供款 3.72 万元人民币，总供款 93 万元人民币。假设基金的年回报率为 15%，陈先生持续供款到第 10 年后，将得到一笔前 10 年总供款的 7.5% 的忠诚红利，即 2.79 万元人民币，此时陈先生的账户价值约为 80.7129 万元人民币。

到陈先生 64 岁，益富基金定投计划 25 年供款期到期后，陈先生总供款额为 93 万元人民币，共获得的供款红利为 2.79 万元人民币，忠诚红利为 5.58 万元人民币，此时陈先生的账户价值约为 846.3568 万元人民币。

此时，客户有以下几种选择。第一，一次性赎回账户价值里的所有资金，无须缴纳任何税款。第二，选择继续持有该账户，让其账户继续购买基金，保持更佳的复利增长效果，直至陈先生 85 岁则需要转让给更年轻的人持有计划（如子女）或赎回资金。另外，账户里的资金还可以按陈先生的意愿给予陈先生指定的受益人，且不会收取任何税项

（如遗产税等）。第三，每年选择在账户中领取退休金，直至陈先生 85岁。

陈先生的养老理财规划使他在步入老年后能领取退休金，由此生活就有了保障。其实，中产阶级都应该像陈先生这样做好自己的养老规划。

中产阶级家庭可按家庭成员各自的年龄阶段进行规划。

第一，壮年时期。这时应当积极理财、发展事业，为退休养老储备资产。这是建立个人财务基础最重要的时期。

第二，退休前 5 ~ 10 年。经过上一阶段的理财规划和实施，家庭已取得了坚实的财务基础。此时应当稳健理财、享受生活。此时的投资组合将由积极型转向稳健型，减少风险较高的投资，而收益平稳、风险也较低的投资主要考虑的是资产的安全性和收益的稳定性之间的平衡。

第三，已经进入退休和养老阶段。保守理财、安心生活是这一时期理财的基本操作策略。此时的投资将向保守型转变，主要进行收益稳定、风险很低的投资。

二、中产阶级家庭保险、子女教育、房贷的理财案例解析

现代中产阶级家庭，如何购买健康及意外保险？如何制订子女教育理财计划？采用何种房贷还款方式？下面这对中产夫妇面临的情况在中产阶级家庭中较为普遍。

钱先生和钱太太就是这样一对夫妇，他们大学毕业后来到这座城市，经过多年的努力，夫妻双方都有不错的工作。钱先生在外企从事技术研发，每年有 20 万元左右的收入；钱太太在一家知名国企从事人事管理，每年也有 10 万元左右的收入。他们赶在城市房价快速上升前的 2010 年购买了一套 100 平方米左右的房子，一家三代住在里面，其乐融融。紧接着，他们迎来了生命中最重要的小宝宝。钱先生和钱太太看似有着光鲜亮丽的工作和幸福的生活，其实背后有着很多的无奈和不得已的坚持。

一次偶然的机会，通过朋友介绍，钱先生和钱太太找到了理财师。理财师在向他们详细了解了家庭资产分配情况后，终于找到了问题所在：一是严重缺少保险；二是缺少理财的长期规划；三是不应该用大笔

现金还清房贷。针对这种情况，理财师提出两个建议。

第一，建议钱先生给自己投保 20 万美元（约 125 万元人民币）的返还型重疾保险，每年保费约为 6000 美元（约 36000 元人民币），投保 25 年，不仅可获得高额的重疾寿险保障，而且还有额外的投资回报，即使不出险，几十年后也有几百万元人民币资产，可安享晚年。最终钱先生和钱太太购买了这样一份理财产品，并建议大家也制订一份这样的返还型重疾保障计划。

第二，建议钱先生购买一款投资储蓄型寿险，年缴保费 1 万美元，缴费 10 年，自由设定支取时间，可以设定教育金或者创业金，也可以补充养老金。

钱先生采纳了理财师的建议。

第十三章
中产阶级想生二胎如何增加额外收入案例分析

二胎从来都不是一个轻松的话题，对中产阶级来说同样如此，因为随之衍生出一系列的问题，如经济问题、抚养问题、教育问题等。其实，在所有问题中，经济负担加重才是关键所在。那么，中产阶级如何增加额外收入，为生二胎做好准备呢？本章的相关案例分析会给出答案。

一、中产阶级二胎家庭如何应对财富缩水的案例解析

家住上海浦东的刘女士，2015 年刚刚买房不久。2016 年 2 月，家里又迎来了一个孩子。如今刘女士的家庭，既要供房，又要养育两个孩子，各方面也有一定的"压力"。

好在刘女士的家庭收入条件不错。老公是外企高层，1 年收入 50 多万元。自己尽管目前赋闲在家带孩子无收入，但家庭的经济来源没有受到很大的影响。对于未来，他们现在尚有 70 多万元的资金，准备再进行一些投资，以应对通货膨胀带来的财富缩水。为此，他们咨询了理财师。

理财师了解到，刘女士在投资上比较倾向于风险中等可控的投资类型。而且由于对投资不是很懂，也不想过多地自己参与。比如炒股，上班的老公和带孩子的刘女士都没有时间去关注市场行情。据此，理财师给出以下投资建议。

第一，主要选择间接的投资方式。从刘女士家庭的情况来看，在理财上花的时间都不多，精力不够，因此可以做一些间接的投资，比如通

过配置机构的投资产品来间接投资。现在比较流行的证券投资计划类，其投资策略主要是量化对冲方式，收益稳健，且有长期的成长性。

第二，避开高风险的投资品种。高风险的投资，包括无对冲机制的直接持有股票，特别是估值较高的股票，还有炒期货、外汇、贵金属、收藏品投资等。理财师表示，高风险的投资尽管可能有高收益，但对于刘女士这样的中产阶级家庭来说，风险偏大，故不太建议参与或过多参与。风险性的投资不宜超过总的可投资资金的30%。

第三，考虑家庭的长期保障。理财师建议刘女士的家庭做一些长期的投资，比如通过配置有投资功能的保险，既能达到保障的目的，又有一定的投资收益。而且从长期来看，某些保单的现金价值还可以变现、贷款等，对于未来保持了很高的资金灵活性。至于保险投资，总的来说，海外保险的性价比相对更高，而且预期收益率也高，比较值得配置。

第四，持续的后期理财、定投。最后理财师建议刘女士的家庭还要形成长期理财的习惯。比如进行固定收益产品的定投，如润川集团的理财模式年丰盈，投资周期为1年，预期年化收益率为12%。定投可以有效地对家庭财产进行保值，对于刘女士这样的二胎家庭来说，家庭的财产稳健是很重要的一个方面，理财师建议她不要太过激进，还是以当前的收入为基础，并在此基础之上做适当的、年化收益率平均能达到10%左右的投资即可。细算一下，假如年化收益率为10%，10万元本金5年复利投资下来，本息也达到了16.1万元，而10年的话更是有26万元的收益，而且时间越长这个数据越是惊人。这就是长期理财的好处。

二、中产阶级家庭欲养二胎，提前准备资金的
　　案例解析

　　马先生今年 37 岁，目前在一家小型外企担任公关总监一职，年收入 55 万元（不含奖金）。马太太现在是一家私营企业的财务，每月收入 6000 元左右。马先生和马太太现在育有一子，今年 5 岁，家庭开支能够负荷得起。所以他们打算再生一个宝宝，为家庭增添新成员。

　　目前，马先生名下有一套价值 450 万元的住宅，一辆价值 35 万元的丰田皇冠，另有存款 140 多万元。在生二胎之前，他们向认识的理财规划师朋友咨询了前期应做什么准备，以及购买一些理财产品为家庭增加额外收入。马先生的朋友告诉他，按照目前他所持有的资产，从总体上来看，多养育一个孩子的经济压力不算大。朋友建议马先生可以分几个步骤做一些理财和投资规划。

　　第一，减少银行的储蓄。马先生现在的大多数资金存于银行，活期储蓄利息太低，不利于现有资金的增值。所以建议其在留足生活储备金、应急资金后，将其余的资金提取出来做一些高收益率的投资。至于生活储备金、应急资金，根据实际消费情况，保留 20 万元左右即可。

　　第二，50% ~60% 的资金用于短期理财。可以先选择一些资金流动

性较高的理财产品做短期投资。目前短期投资最好的选择是互联网理财行业，该行业的理财产品大多以短期为主，比如堆金网理财平台产品周期为 1~12 个月，1 个月的收益率为 10%，3 个月的收益率为 11%，6 个月为 13%，12 个月为 15%，另外有新手专享标 1 个月期限 15% 的产品。另外，互联网理财行业的门槛极低，大多数平台的门槛为 50 元起投。互联网理财行业还有一个好处，就是可以申请债权转让，如果想提前取出本金和收益，则可以通过债权转让的形式转让债券。

第三，20% 的资金可以用于一些高风险投资。比如投资股市，目前股票市场行情略有好转，朋友建议马先生做短不做长。虽然股市行情有好转，但总体而言仍承压，风险仍十分大，所以投资股市选中一只股票后，建议做短期。这里要提醒大家的是，不要指望股票能帮你赚大钱，保持一颗平常心入市，不要贪心就好。

第四，平时要对资金进行规整。一般来说，中产阶级家庭平时的零散资金还是很多的，1 个月大概有上万元。对于马先生的家庭来说，零散资金一个月有 8000 元左右。朋友建议他把这些零散资金运用起来，避免资金闲置，比如余额宝就是不错的选择，不仅比银行的活期储蓄利润高，而且支持随存随取。总的来说，马先生家养育二胎并不会有困难，但是如果要在现有生活的基础上升级，则需要在理财上花费较大的工夫，这也是为孩子未来的教育进行考虑，所以进行高收益率的稳健投资还是十分必要的。

后　记

　　最近"焦虑"这个词语甚是流行，大人焦虑，小朋友也焦虑；穷人焦虑，富人也焦虑，尤其是中产阶级，上有老下有小前怕狼后怕虎更焦虑，倘若再赶上人到中年，怕是连保温杯都端不稳了。究其根源，除了对事业前途的不确信，一个重要的原因就是对拥有财富的不自信。抛开宏大的主题，财富的确是构筑现代人安全感不可或缺的基石。

　　不讳谈钱是时代的进步。我们处在一个风云变幻的转型期，如果你是一个中产阶级，或者你想成为一个中产阶级，你就必须做好两件事：第一，创造并保护好自己的财富；第二，让你的财富持续增值。其实二者之间并无严格的界限，它们互为因果并相互促进。

　　赚钱最主要的就是"模式"，也就是你选择什么样的手段去投资理财。百万元有百万元的模式，千万元有千万元的模式，上亿元有上亿元的模式。如果你安于现状，就用最稳健的模式，省吃俭用，只节流不开源；如果你想达到中产阶级或以上水平，就要认清形势，顺势而为，找到适合自己的投资理财渠道，采取适合你的切实可行的操作方法。

　　本书主要是针对理财经验缺乏的中产阶级，所以在知识面上涉及较宽，希望让大家对理财有一个整体的了解。相信通过本书的介绍和梳理，你会找到让财富保值增值的途径。

　　社会在飞速发展，财富管理的理论与实践也日新月异。技巧固然重要，大势更需明了。要随时关注国家政策的相关变化，找到政策变化的根源并做出前瞻性的决策，学会站在未来的角度看现在的问题。这一点，比什么都重要。

　　限于水平和篇幅，本书权当抛砖引玉。对于希望进一步探讨财富管理的朋友，也可以通过邮件 chendufeng001@163.com 或者 622005338@qq.com 与我交流。

　　本书在写作过程中得到了王国胜、罗鹿鸣、王晓峰、周春林、施晗、冯兴建、蹇丰、曹晓东等师友的帮助，在此一并致谢！

陈渡风

2018 年 3 月 1 日于北京渡书房

参考资料

[1] 欧成效.《中产阶级如何保护自己的财富》. 北京：中国友谊出版公司，2017 年 1 月 1 日.

[2] 〔美〕布兰克·米兰诺维奇著.《世界的分化：国家间和全球不平等的度量研究》. 罗楚亮译. 北京：北京师范大学出版社，2007 年 9 月.

[3] 〔美〕罗伯特·清崎著.《富爸爸投资指南》. 萧明译. 海南：南海出版公司，2009 年 3 月 1 日.

[4] 〔日〕挂越直树著.《亿万富翁教我的理财武器—从金钱逻辑到投资技巧》. 刘世佳译. 北京：民主与建设出版社，2016 年 8 月 1 日.

[5] 资料其他来源：百度、搜狗等著名网站最新资讯。